《动物细胞培养技术》编委会

主　　编：程宝鸾
主　　审：罗深秋　吴文言
电脑绘图：黄美贤　刘剑君
录　像　图：柯志勇　侯云霞　刘剑君
插图排版：黄美贤　刘剑君

动物细胞培养技术

程宝鸾　主编

中山大学出版社
·广州·

版权所有　翻印必究

图书在版编目（CIP）数据

动物细胞培养技术/程宝鸾主编. —广州：中山大学出版社，2006.10
ISBN 7-306-02776-X

Ⅰ. 动… Ⅱ. 程… Ⅲ. 动物—细胞培养 Ⅳ. Q954.6-33

中国版本图书馆 CIP 数据核字（2006）第 109755 号

责任编辑：周建华
封面设计：曹巩华
责任校对：海　生
责任技编：黄少伟
出版发行：中山大学出版社
　　　　　编辑部电话（020）84111996，84113349
　　　　　发行部电话（020）84111998，84111160
地　　址：广州市新港西路 135 号
邮　　编：510275　　传真：（020）84036565
印　刷　者：广东虎彩云印刷有限公司
经　销　者：广东新华发行集团
规　　格：787 mm×960 mm　1/16　13.5 印张　279 千字
版次印次：2006 年 10 月第 1 版　2022 年 8 月第 5 次印刷
定　　价：28.00 元

本书如有印装质量问题影响阅读，请与承印厂联系调换

前　言

　　2000 年出版的《动物细胞培养技术》教材，读者小有裨益。此书不仅引导读者入门学习，而且对他们后期课题研究方法的正确操作有指导意义。根据近几年读者反馈的信息和要求，作者对本书第一版内容进行全面修改和充实。

　　修订本保留了原版教材的部分内容，增添了大量操作和研究图片，使操作要领、基本理论和实验结果图文结合，直观明了；实验方法突出技能培养和实验成败分析，各章单设实验注意事项，既介绍取得实验成功的关键因素，也提出初学者易出现的差错或可能导致实验失败的因素；充实了细胞研究技术和动物常用的细胞注射技术等内容。全书将实验准备、细胞培养、细胞研究融为一体，既适合相关专业的硕士研究生教学训练，又适合自学入门。效果究竟如何，敬请读者批评指正。

　　本书部分细胞图片由张正治教授等 11 位研究者提供，特此感谢。

程宝鸾
2006 年 8 月

目　录

第一章　细胞培养概述 ……………………………………………………… (1)
　　一、细胞培养发展简史 …………………………………………………… (1)
　　二、细胞培养的基本概念 ………………………………………………… (3)
　　三、细胞培养实验的基本要求 …………………………………………… (4)
第二章　细胞培养准备技术 ………………………………………………… (6)
　第一节　实验器材清洗、包装和消毒 ……………………………………… (6)
　　一、常用的实验器材 ……………………………………………………… (6)
　　二、清洗 …………………………………………………………………… (7)
　　三、包装 …………………………………………………………………… (10)
　　四、消毒 …………………………………………………………………… (12)
　第二节　实验室常用的仪器设备使用和维护 …………………………… (18)
　　一、净化台 ………………………………………………………………… (18)
　　二、自动双重纯水蒸馏器 ………………………………………………… (19)
　　三、抽气泵 ………………………………………………………………… (20)
　　四、压力蒸汽消毒器 ……………………………………………………… (21)
　　五、电热恒温培养箱 ……………………………………………………… (22)
　　六、电热恒温干燥箱 ……………………………………………………… (22)
　　七、液氮生物容器 ………………………………………………………… (23)
　　八、CO_2 培养箱 ………………………………………………………… (24)
　　九、冰箱 …………………………………………………………………… (27)
　第三节　动物细胞用液制备 ……………………………………………… (27)
　　一、蒸馏水 ………………………………………………………………… (27)
　　二、平衡盐溶液 …………………………………………………………… (28)
　　三、天然培养基 …………………………………………………………… (30)
　　四、合成培养基 …………………………………………………………… (32)
　　五、血清细胞培养基 ……………………………………………………… (38)

六、无血清细胞培养基 …………………………………………………… (39)
　　七、消化液 …………………………………………………………………… (44)
　　八、稳定剂 …………………………………………………………………… (46)
　　九、蛋白酶抑制剂 ………………………………………………………… (46)
　　十、pH 调整液 ……………………………………………………………… (46)
　　十一、20 mmol/L L-谷氨酰胺 …………………………………………… (46)
　　十二、抗菌素液 …………………………………………………………… (47)
　　十三、细胞用液的分装方法和要求 …………………………………… (48)
　思考题 …………………………………………………………………………… (50)

第三章　细胞培养基本技术 …………………………………………………… (52)

第一节　细胞原代培养 ………………………………………………………… (52)
　　一、乳鼠肺组织原代培养程序 …………………………………………… (52)
　　二、原代细胞实验操作要领 ……………………………………………… (55)
　　三、原代细胞实验注意事项 ……………………………………………… (56)
　　四、原代细胞实验取材 …………………………………………………… (57)
　　五、原代细胞培养方法介绍 ……………………………………………… (61)

第二节　培养细胞的观察 ……………………………………………………… (67)
　　一、培养细胞分型 ………………………………………………………… (67)
　　二、细胞培养中的常用术语 ……………………………………………… (69)
　　三、培养细胞一代生长过程 ……………………………………………… (70)
　　四、细胞周期 ……………………………………………………………… (77)
　　五、培养细胞的生命期 …………………………………………………… (78)

第三节　培养细胞常规检查和生物学检测 ………………………………… (81)
　　一、培养细胞常规检查 …………………………………………………… (81)
　　二、培养细胞的生物学检查和鉴定 …………………………………… (87)

第四节　细胞传代培养 ………………………………………………………… (91)
　　一、细胞传代方法 ………………………………………………………… (91)
　　二、乳鼠原代肺细胞培养物传代 ………………………………………… (92)
　　三、盖玻片条细胞培养法 ………………………………………………… (94)
　　四、死、活细胞鉴别试验 ………………………………………………… (95)

第五节　细胞冻存、复苏、运输和短期保存 ……………………………… (97)
　　一、影响冻存细胞活性的因素 …………………………………………… (97)

二、细胞冻存方法 ………………………………………………………… (98)
　　三、组织细胞短期保存方法 ……………………………………………… (101)
　　四、细胞复苏方法 ………………………………………………………… (101)
　　五、细胞运输 ……………………………………………………………… (102)
　　六、引进细胞的方法 ……………………………………………………… (102)
　思考题 ………………………………………………………………………… (103)

第四章　细胞培养研究技术 …………………………………………………… (104)
　第一节　细胞的分离和纯化 ………………………………………………… (104)
　　一、成纤维细胞的分离和去除 …………………………………………… (104)
　　二、骨髓和外周血有核细胞的纯化 ……………………………………… (107)
　　三、肿瘤细胞的分离纯化 ………………………………………………… (108)
　　四、单核细胞和巨噬细胞的纯化 ………………………………………… (110)
　　五、上皮细胞的纯化 ……………………………………………………… (111)
　　六、细胞移速分离纯化 …………………………………………………… (112)
　第二节　培养细胞活力检测方法 …………………………………………… (112)
　　一、细胞克隆形成试验 …………………………………………………… (112)
　　二、细胞活性染色法 ……………………………………………………… (117)
　　三、细胞四唑盐比色法 …………………………………………………… (119)
　第三节　细胞形态学研究方法 ……………………………………………… (120)
　　一、培养细胞的固定 ……………………………………………………… (120)
　　二、培养细胞常用染色法 ………………………………………………… (123)
　　三、细胞免疫化学染色 …………………………………………………… (129)
　　四、培养细胞透射电镜样品的制备 ……………………………………… (138)
　　五、培养细胞扫描电镜样品的制备 ……………………………………… (139)
　第四节　细胞遗传学的检测方法 …………………………………………… (140)
　　一、细胞DNA定量的测定 ……………………………………………… (140)
　　二、细胞DNA合成的测定 ……………………………………………… (142)
　　三、细胞DNA双参数的测定 …………………………………………… (145)
　　四、人体外周血淋巴细胞染色体标本的制备 …………………………… (146)
　　五、培养细胞染色体标本的制备 ………………………………………… (147)
　　六、染色体G显带 ………………………………………………………… (148)
　　七、姐妹染色单体区分染色法 …………………………………………… (155)

第五节　显微摄影技术 ·· (157)
　　　　一、显微镜的光学部件和显微照相操作 ······································ (157)
　　　　二、相差显微镜 ·· (175)
　　　　三、荧光显微镜 ·· (179)

第五章　原代细胞培养和分析 ·· (185)
　　第一节　SD乳鼠心肌细胞的分离培养 ·· (185)
　　　　一、准备 ·· (185)
　　　　二、心肌细胞的分离培养 ··· (185)
　　　　三、原代心肌细胞生长观察 ·· (186)
　　　　四、讨论 ·· (189)
　　第二节　大鼠血管平滑肌细胞的分离培养 ·· (190)
　　　　一、准备 ·· (190)
　　　　二、取材 ·· (190)
　　　　三、血管平滑肌细胞的分离培养 ·· (191)
　　　　四、原代血管平滑肌细胞生长观察 ··· (191)
　　　　五、讨论 ·· (192)
　　第三节　成人前脂肪细胞的分离培养 ·· (193)
　　　　一、准备 ·· (193)
　　　　二、前脂肪细胞的分离培养 ·· (194)
　　　　三、原代前脂肪细胞生长观察 ··· (194)
　　　　四、讨论 ·· (196)
　　第四节　大鼠肺微血管内皮细胞的分离培养 ··· (196)
　　　　一、准备 ·· (196)
　　　　二、肺微血管内皮细胞的分离培养 ··· (196)
　　　　三、原代肺微血管内皮细胞生长观察 ·· (197)
　　　　四、讨论 ·· (199)

附录一　国内外细胞库 ·· (200)

附录二　动物常用的细胞注射技术 ·· (202)

参考文献 ·· (206)

第一章　细胞培养概述

一、组织培养发展简史

　　1907年，美国生物学家 Harrison 采用单盖片覆盖凹窝玻璃的悬滴培养法，以淋巴液为培养基，观察了蛙胚神经细胞突起的生长过程，首创了体外组织培养法（见图1-1）。

　　Burrows 于1910年观察到血浆凝块上培养的心肌组织块的搏动，1912年他又观察到单个心肌细胞搏动，这是当时对心脏搏动肌原性理论的直接证明。同年，Carrel 用外科无菌操作方法，将7天鸡胚心肌组织块培养在血浆和鸡胚提取液的混合物内，观察到心肌细胞搏动达104天，并且他将原代细胞进行了长期传代培养。1939年 Carrel 退休后，Ebeling 继续这项工作，一直到1964年，就这样，心肌细胞培养工作维持了34年。但这样长期培养的细胞系（株）是不能搏动的心肌成纤维细胞，那么它是从心脏细胞逆分化而来，还是从最初混入的成纤维细胞或血管内皮细胞而来的呢？也有人怀疑是他们经常加入新鲜的胚胎浸出物时带入了新细胞。1925年，Maximow 将单盖片悬滴培养法改良为双盖片培养法。二者相比，后者传代方便，又减少污染。虽然悬滴培养法操作简便，但细胞生长空间狭小，气体不足，培养基少，细胞易老化，即使短时间生长也需经常更换培养基，因而易受污染。另外，悬滴培养法所使用的凹玻璃可引起折光，不宜进行显微镜观察和摄影。1923年，Carrel 设计了卡氏瓶培养法，扩大了组织细胞的生存空间，且换液传代方便，也减少了污染机会。以 Carrel 和 Harrison 为首的科学家们用卡氏瓶培养各种组织细胞，并发表了大量论文，为组织培养的发展奠定了基础。在卡氏瓶的启发下，继而又出现了各种类型培养瓶、培养皿、试管、多孔培养板的培养法。

　　在培养器材更新的同时，培养方法的改进也十分迅速。1951年，Pomerat 将双盖玻片悬滴培养法与灌流小室培养技术结合起来，使细胞生活在不断更新的培养液中，又便于显微摄影。以后又有人创立旋转鼓、旋转支架等培养方法，使组织和细胞交替地与培养液和空气接触，便于细胞代谢研究。1955~1957年，Sanford 和 Dulbecco 等发明了用胰蛋白酶消化分离组织细胞的方法，建立了单层细胞培养技术。之后，一些细胞遗传性状相同的细胞系和细胞株的建立，正常组织原代细胞培养的研究更加深入，大大促进了组织培养技术的发展。

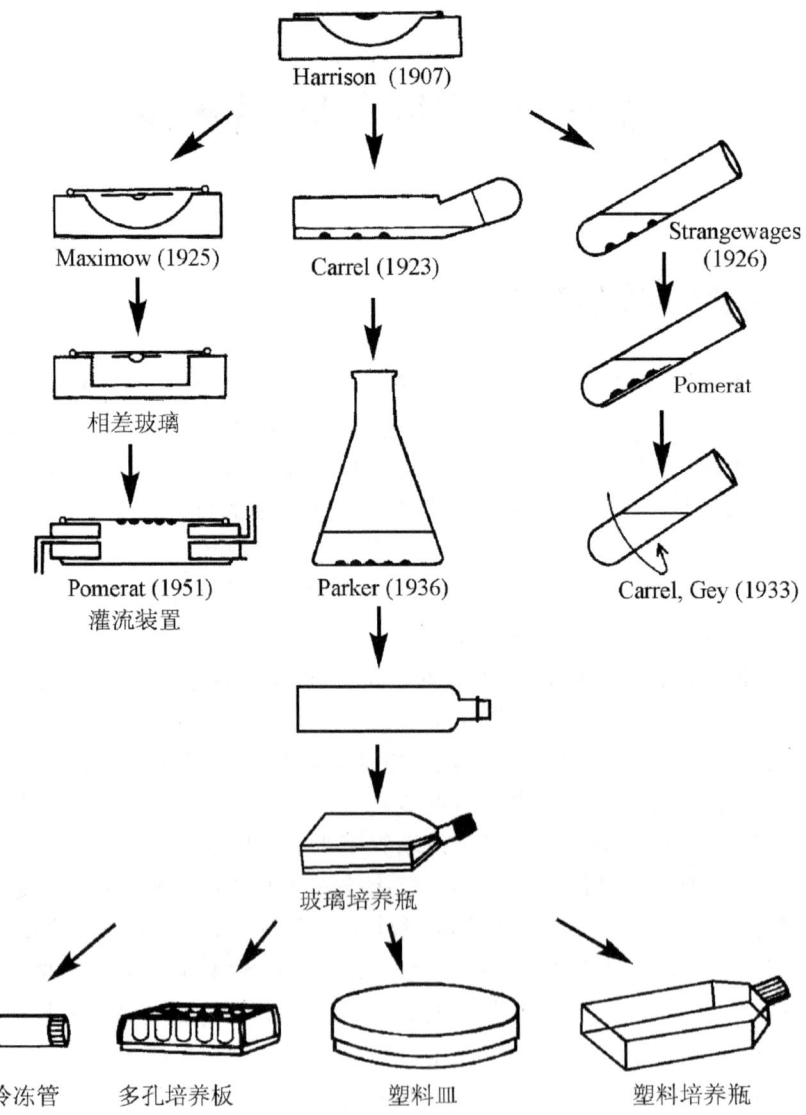

图 1-1 组织培养发展示意图

  细胞培养液的研究也随着组织培养技术的改进而不断发展。早期细胞培养采用天然培养基（胎汁、血浆和血清）。天然培养基成分接近体内状态，但其组成复杂，是成分不明确的混合物，因而影响对某些实验产物的提取和实验结果的分析。1951 年，Eagle

开发了能促进动物细胞体外培养的人工合成培养基。人工合成培养基的出现又促进了细胞培养技术的发展和应用。目前，绝大多数人工合成培养基使用时还需添加血清。随着单克隆抗体制备、细胞生长因子和细胞分泌产物的研究，又开发了无血清细胞培养基研究技术。1975 年，Sato 等用激素、生长因子替代血清，使垂体细胞株培养获得了成功。近 20 多年来，已有几十种细胞株在无血清培养基中生长和繁殖。正常组织肝细胞和胰腺细胞等无血清培养的治疗研究也正在探索进展之中。

细胞培养技术是当今生命科学各研究领域的基础技术和基本技能，它广泛应用于细胞工程、基因工程和生物医学工程和干细胞研究等方面。优生和抗衰老的研究，肿瘤、感染、创伤和器官移植等问题的研究，都与细胞培养技术相关。因此，学习细胞培养技术方法及操作要领，是生命科学工作者必备的知识和技能。

二、细胞培养的基本概念

细胞培养是用酶消化法将组织碎块分离成单个细胞，用培养基制成细胞悬液，在体外适宜条件下，使细胞生长繁殖，并保留其一定的结构和功能特性。细胞培养与组织培养、器官培养的主要不同点是：原始培养的对象不同。细胞培养使用的是单个细胞悬液，组织培养使用的是组织块（$0.5\sim 1\ mm^3$）或薄片（厚 0.2 mm），而器官培养使用的是器官原基或器官的一部分，或整个器官。在组织培养中，细胞自组织块周围移出并生长；在生长过程中，细胞总有移动（运动）或其他的变动，这样就使被培养的组织难以长期维持其原有的结构和功能。培养时间越长，发生变动的可能性越大，结果常使单一类型细胞保存下来，最终也成了细胞培养。细胞培养中，细胞的生命活动和体内细胞一样，仍然是相互依存的，呈现一定组织的特异性。所以，组织培养和细胞培养实际并无严格区别。

细胞培养技术是生命科学中常用的研究手段，该方法能排除神经体液因素的影响及肝、肾解毒功能的干扰，观察某些因素或药物对培养细胞的直接作用。通过实验可获得某一类型细胞的纯培养。例如，心肌组织中心肌细胞约占 50％，非心肌细胞占 50％；而经纯化分离的心肌细胞悬液中，心肌细胞可达 95％ 以上，这样，心肌细胞原代培养实验基本上不受其他细胞的干扰。在细胞培养实验中能直接观察到培养细胞生命活动的动态过程；用定时显微摄影记录可发现一些肉眼观察不到的生命现象；还可利用电镜手段、同位素标记、放免法和免疫组化法等来研究细胞形态结构及细胞内化学物质的分布。

细胞培养方法的不足之处是：培养细胞失去体内细胞的制约和整体的调节作用，细胞形态和功能会发生一定程度的改变。培养方法、实验试剂对细胞形态和功能有一定的影响，如胰蛋白酶可破坏细胞表面受体、酶、抗原等。长期体外培养的细胞，由于反复传代、冻存和操作等因素的影响，可能发生染色体非整倍体改变，呈永生化或癌变的特征。

三、细胞培养实验的基本要求

（一）实验前准备

实验前必须分门别类地制定操作卡片，如清洗卡、消毒卡、细胞常用液（细胞培养液、BSS液、消化液）配制卡、牛血清检测分装卡、细胞原代和传代操作卡等。各卡片上注明实验所需器材的名称、规格、数量、操作要领和实验注意事项等。实验前应按卡片收集、清点所需用品，一并放入超净台内，这样可避免操作时因物品不全而往返拿取所造成的污染。同时，根据每个实验的要求，准备好瓶管支架、器械消毒盒等。实验器材准备数要大于实验使用数，瓶盖数要大于瓶数。这样才能有条不紊地做实验，也减少了忙乱操作所引起的污染。

（二）无菌室和操作野消毒

无菌室内每周用乳酸蒸气（或过氧乙酸）加紫外线消毒1~2次。实验前，将实验器材放入超净台内，打开超净台紫外线灯，同时启动超净台风机，40 min后消毒完毕，关闭紫外线灯。这样，超净台内空气被净化，超净台面构成相对无菌的环境。

（三）无菌操作要求

（1）手指不能触及器材使用端。如触及，器材需更换或烧灼后再使用（如瓶口）。

（2）减少手与器材的接触面，学会手指操作。

（3）一切操作，如打开或封闭瓶口，安装吸管、注射器等，都要在火焰前方进行。瓶口、吸管、注射器使用前要经过火焰消毒后使用。

（4）瓶口顺风斜放在支架上。试剂用后立即封闭瓶口。瓶口长时间敞开会增加落菌的机会。

（5）不同的细胞同时操作时，要专管专用，并要勤换吸管，防止扩大污染和交叉污染。

（6）瓶口液滴不能倒回瓶内。液滴用干酒精棉球擦拭，瓶口再经火焰消毒。

（7）操作者动作要准确敏捷，尽量避免空气流动。

（四）实验中的操作要求

洗手、着装与外科临床要求相同。双手用肥皂洗净后，浸泡于消毒液中，并用75％的酒精擦拭。细胞培养用液从冰箱取出，试剂瓶口和外壁经酒精纱布擦洗后入超净台。超净台面要用酒精纱布擦拭。超净台上的物品布局合理，污物废液缸、酒精棉球缸在右侧位，酒精灯在中央位，试剂瓶在左侧位。拆除大包装，点燃酒精灯（95％酒精）。火焰无色或微黄色表示酒精杂质少，酒精燃烧完全（不能使用废酒精或工业酒精，这类酒精燃烧时产生的化学物质易附着到吸管或其他瓶、皿上，带入培养液中会伤害细胞）。浸泡75％酒精中的金属器械用台面消毒镊子取出，经无菌干纱布擦试后，迅速从火焰上通过（器械不能在火焰中灼烧过长时间），冷却后使用，避免烫伤细胞。细胞培养液、牛血清、酶液的吸管，使用后不能再用火焰消毒，因为吸管中残留的培养液被烧焦碳化，再使用时，会把有害碳化物带入培养液中毒害细胞。操作中手指被污染时，可用酒精纱布或棉球擦拭。在实验过程中，不要面向操作台讲话或咳嗽，避免唾沫将微生物带入超净台内，污染空气。实验者离开超净台时，立即用肘关节关闭侧窗口，避免无菌室内细菌随空气流入净化操作区。

（五）实验后要求

实验完毕，关闭超净台风机和电源，未使用过的器材放入饭盒内，用过的玻璃器材投入清水中浸泡，包装纸叠卷，绳成束分类归放。最后，超净台面用酒精纱布或棉球擦拭，紫外线消毒。

注意事项

无菌操作离不开火和酒精，操作中避免事故发生。
（1）打火机点火。
（2）火柴点火时，火星熄灭后投入废缸内（缸内有废酒精棉球）。
（3）酒精溅出台面或瓶外壁时，立即擦干。
一旦发生着火事故，立即关闭超净台风机，用饭盒、湿布扑灭火焰。

第二章 细胞培养准备技术

第一节 实验器材的清洗、包装和消毒

一、常用的实验器材

1. **玻璃器材**

培养细胞使用的玻璃器皿应是由透明度好、无毒的中性硬质玻璃制成。常用的有以下几种：①国产螺口培养瓶，用容积表示有12.5，25，100 ml等规格。②培养皿，直径有3.5，6，9，10 cm等规格。③带螺口盖离心管，常用有5，10 ml。④注射器，有1，5，20 ml等规格。⑤用生理盐水瓶替代的贮液瓶，有100，250，500 ml等规格。⑥青霉素瓶（5 ml）。⑦西力辛瓶（10 ml）。其他还有尖吸管（3 ml）、移液管、载玻片（厚度0.8，1.2 mm）、盖玻片（厚度0.12 mm）、贮存尖吸管用的玻璃筒或金属筒、漏斗、烧杯、量筒、贮蒸馏水瓶、冷冻管（1.2，2 ml）、血球计数板等。

2. **塑料品**

多孔培养板有4，6，12，24，96孔等规格。培养皿直径有3，6，10 cm等规格。吸头有10，200，1000，5000 μl等规格。带螺口盖离心管有10，15，50 ml等规格。培养瓶用底面积表示，有25，75，150，175 cm^2等规格。塑料品经消毒灭菌密封包装，供一次性使用；重复使用需经特殊方法清洗消毒。优质塑料器材厚薄均匀，无毒性，有的表面经特殊处理，细胞易于贴附生长。目前，多数实验者使用Corning公司的产品，其次是Falcon，Grenier等公司的产品。目前国内的塑料培养瓶细胞生长差。

3. **器械**

解剖刀，虹膜剪（直头、弯头），中号圆头镊，止血钳等。

4. **杂用品**

金属饭盒、试管架、各种规格胶塞、记号笔、搪瓷盘、吸头（吸取液体的胶帽）、酒精灯、酒精、碘酒棉球瓶、火柴、各种支架等。

5. 小磁棒（搅拌子）

细胞营养液溶解过程或原代组织细胞分离过程中都需用小磁棒。小磁棒价格贵，购买不便，清洗又易丢失。笔者所在实验室利用酒精灯和玻璃吸管制作小磁棒。方法是：在酒精灯火焰上方将吸管一端封闭，另一端加铁针后再封闭（见图2-1）。磁棒清洗泡酸后，若铁针生锈或磁棒内有水，表示制作不合格，应淘汰。

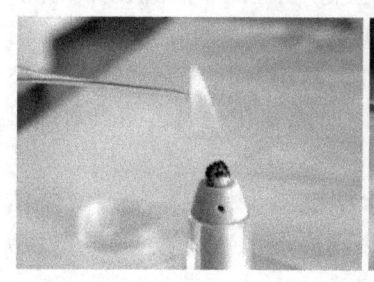

图2-1 小磁棒的制作

注意事项

（1）选用小容量贮液瓶。减少开瓶污染，又适合冰箱存放。实验中最适用的是100 ml 盐水瓶和青霉素瓶。

（2）组织培养中使用最多的是吸管、培养瓶、培养皿及各种瓶塞。实验者手中应有三套器材：一套手中使用，一套刷洗处理，一套消毒备用。瓶塞数要大于瓶数，这样才能保证实验中的循环使用。

（3）塑料离心管使用安全。玻璃离心管有时会发生离心碎裂，造成标本丢失或其他意外。

二、清洗

清洗的目的是清除杂质，不残留影响细胞生长的成分，如解体的微生物、细胞残迹以及非营养的有害物质和化学药品。

（一）常用玻璃器皿的清洗

1. 清洗要领

（1）浸泡。初次使用的玻璃器皿常呈现碱性，表面常附有干涸的灰尘和一些对细胞有毒性的物质，如铝和砷等。空气湿度高时，玻片表面又易长霉。使用前，新玻片浸泡在5%的稀盐酸中过夜，以中和玻片表面的碱性物质和去除霉斑；然后经简单刷洗、流水冲洗（逐片进行）、蒸馏水浸泡，干燥备用。新玻片处理后，短时间内不用时，需将它投入95%的酒精中保存，盖紧容器，避免酒精挥发，以防玻片再长霉。用后的玻璃器皿要立即投入清水中浸泡，器皿一旦干涸，细胞、蛋白质固着在玻璃表面，清洗时极难脱落。

（2）刷洗。用过的玻璃器材经自来水冲洗后，浸入水中煮沸。将适量洗剂（洗洁精或洗衣粉）投入沸水中继续煮沸10 min，带胶手套趁热刷洗器皿内外杂质，刷洗后的器皿浸入清水中，最后逐个冲洗。

（3）酸泡。刷洗的玻璃器材冲洗、干燥后，置清洁液中浸泡24 h，清洁液的强氧化作用清除刷洗后残留的极微量杂质。吸管用塑料绳捆扎后酸泡。瓶皿装入尼龙网袋时，注意瓶口勿向下。

清洗液的配制如下：

（1）清洁液。表2-1所示是常用的三种强度的清洁液。新配制的清洁液为棕红色，遇有机溶剂和水分增多时变成绿色时，表明失效。先在塑料桶中用80℃热水搅拌溶解重铬酸钾，再将桶置流动自来水中，待重铬酸钾溶液冷却后，缓慢加入浓硫酸，边加边用玻棒搅动，使混合液温度不过快上升和不出现重铬酸钾结晶。

表2-1 清洁液的配制

强度＼组成	重铬酸钾（g）	浓硫酸（ml）	去离子水（ml）
弱液	100	100	1000
次强液	120	200	1000
强液	63~100	1000	200

（2）玻璃滤器洗液。取10 g硝酸钠和28.6 ml硫酸，放入盛有47 ml蒸馏水的玻璃缸内混匀备用。

注意事项

(1) 配制清洁液时，应戴长袖耐酸手套、口罩、护目镜，穿塑料围裙，在通风的地方操作。

(2) 玻璃器皿经清洁液酸泡高热处理后，有利于细胞贴壁。反复使用的玻璃器皿会减少细胞的贴壁作用，可用 1 mmol 的醋酸镁液浸泡数小时，再经去离子水、双蒸水冲洗消毒处理，可恢复玻璃活性。

2. 清洗步骤

玻璃器材煮沸 10 min → 刷洗 → 流水振荡冲洗 15～20 遍→50℃ 烤干→清洁液浸泡 24 h→流水振荡冲洗 15～20 遍→沥水→蒸馏水（或去离子水）浸泡 2 次（每次 24 h）→50℃ 烤干，待包装。

注意事项

(1) 用后实验器材立即投入清水中。

(2) 浸泡、煮沸、酸泡时，器皿要充满液体，不得有气泡。

(3) 刷洗、酸泡的器材用流水振荡冲洗，不得留有洗剂、清洁液的残迹。方法：每瓶灌 2/3 容积的自来水，振荡倒掉，重复15～20次(尖滴管置量杯中冲洗)。

(4) 煮沸前水面要高于器材 5 cm，水沸后投入少量洗剂（直径 35 cm 的铝锅，用洗衣粉 10 g 左右）。若洗剂和实验器材同时从冷水煮至沸腾或使用过量洗剂，均易腐蚀玻璃，使玻璃碱化，pH 上升。注意：煮沸过程中，瓶管内无气泡。

(5) 软毛刷尤其是刷端掉毛时应该弃去，否则玻璃划痕处易残留洗剂，会改变培养液 pH 值和毒害细胞。

(6) 清洁物品若不能及时包装时，注意妥善保存，防止落入灰尘及蟑螂、蚂蚁等昆虫的再污染。

(7) 用后的胶塞、瓶盖与玻璃器材同时煮洗时，塞、盖放在煮锅的底部，以减少对高浓度洗剂的吸附。

(8) 器材浸泡离子水、蒸馏水时，要将水逐个倒入瓶内，加盖做好标记，如"去离子水Ⅰ"、"去离子水Ⅱ"、"蒸馏水"。

(9) 器材清洗干燥后，各步操作时，手指不可触及器材的使用端。

(10) 超声波仪清洗器材要求同上。

（二）橡胶制品的清洗

新购置的橡胶制品（胶塞、胶管、橡皮乳头）的洗涤方法：0.5 mol/L NaOH 浸泡过夜→流水冲洗→0.5 mol/L HCl 浸泡 15 min→流水冲洗→自来水煮沸 2 次→蒸馏水煮沸 5～10 min→50℃烤干后备用。这样处理后，去除了胶塞上的硫磺等有毒物质。用过的胶塞的清洗方法、要求基本同玻璃器材。胶塞洗刷的重点部位是胶塞使用面，并要逐个刷洗。因胶塞使用面常沾有洗剂，流水冲洗不净，因此在使用过程中胶塞不能与培养液接触，以防未洗净胶塞污染培养液和细胞。

（三）G_6 除菌滤器的清洗

新 G_6 除菌滤器置玻璃洗液中 24 h，流水缓慢冲洗，至滤液 pH 5.5 左右，用四倍的蒸馏水缓慢冲洗，重蒸馏水缓慢冲洗，烤干包装消毒后备用。用过的 G_6 除菌漏斗立即浸泡于水中（注意滤器千万不能干涸）过夜。流水缓慢冲洗 24 h 或更长时间，至滤面基本疏通时，50℃烤干。滤器再置清洁液中 24 h，或清洁液装满漏斗自然过滤；流水冲洗后的处理同新 G_6 除菌滤器。

（四）正压式除菌滤器的清洗

新的或用后的正压式除菌滤器经稀洗剂刷洗后，流水冲洗 15 min，沥水。去离子水浸泡 24 h，三蒸水浸泡 24 h，干燥后备用。

（五）塑料制品的清洗

塑料制品质地软且耐腐蚀能力强，但不耐热，易划痕。其清洗程序是：器皿用后立即用流水冲洗→浸于自来水中过夜→用纱布、棉签和 50℃稀洗液刷洗→流水冲洗（人工冲洗 15～20 遍）→沥水→蒸馏水浸泡 2 次，每次 24 h→晾干后备用。

三、包装

细胞培养用品在消毒处理前要进行严密包装，以便于消毒和贮存。包装材料常用牛皮纸、硫酸纸、棉布、铅饭盒、特制玻璃消毒筒（比尖吸管略长，一端封口，另一端加棉塞和双层牛皮纸封口）、较大的培养皿等。瓶口用双层牛皮纸或铝箔纸封闭，盖、塞单独包装。小的培养瓶、培养皿、注射器、金属器械等用牛皮纸包装，各物做好标记一起装入饭盒内。饭盒底垫纱布，各瓶口向下放。物间留有空隙，纱布遮盖。盒盖标记内存物品，以便消毒后操作使用。

注意事项

（1）包装时手指与器材接触面要小，手指不能触及器材的使用端。
（2）封闭器材使用端，标记器材手持端（见图2-2）。

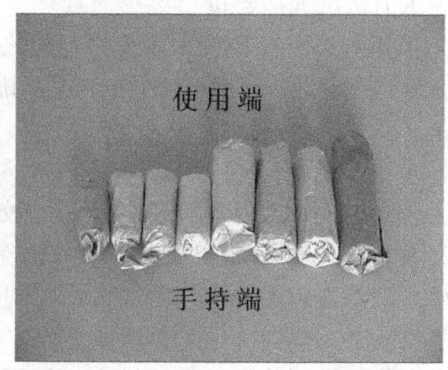

图2-2 器材包装

封闭使用端，标记手持端

（3）各包装物做好标记。
（4）小包装。盖玻片（条）用硫酸纸包。
（5）玻璃管道口（尖吸管端、移液管手持端、抽滤瓶下口端等）塞棉花减压。
（6）瓶、管同时包时，要先封瓶口，后包管。
（7）绳结使用（见图2-3）：
① 扣结：双层纸包瓶口，左手拇指压绳头，右手拉紧绳尾，绳从左拇指上方绕一圈后，来回绕紧瓶口，左拇指压绳尾环，右指拉绳头，绳结扣好。
② 松结：拉绳尾，绳结解开。

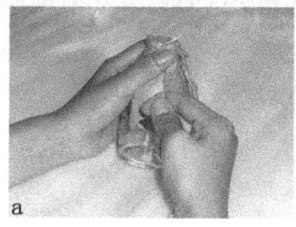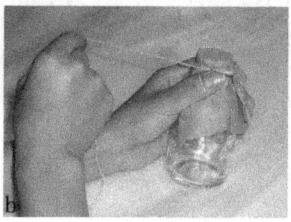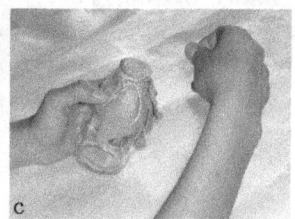

图2-3 绳结使用

左图：绳头固定；中图：来回缠紧；右图：压绳尾，拉绳头

四、消毒

（一）湿热消毒

常用压力蒸汽灭菌器进行湿热消毒。

（1）消毒物品不能装得太满，物与物之间留有空隙，有利于消毒器内蒸汽的流动。

（2）排气管要插入消毒器的槽内。若排气管断裂，要将排气管与排气阀调至同一位置。

（3）玻璃器材使用端（管口、瓶口）向下。

（4）液体消毒时，用棉塞或插针头的胶塞封瓶口。

（5）放冷空气。消毒器内冷空气的排除方法有两种：①加热前将放气阀摘子置垂直开放位，消毒器内的冷空气随加热由此阀孔逸出，冷空气排出后，再将放气阀摘子置水平关闭位。②加热前，放气阀摘子置水平关闭位，消毒器内压升至 0.05 MPa 时，将摘子置垂直位，冷、热空气先后排出（用手可试出），待压力指针回归零位时，放气阀摘子又置水平关闭位。

（6）压力维持。消毒器内冷空气排除后，继续加热。升压至需要压力时，计时并使压力维持恒定。用电加热时，压力维持可通过电源和灭菌器间的稳压器调节；没有稳压器时，安全阀摘子自动排气调节。用煤气加热时，可调节火力维持压力。根据物品种类选择不同的压力和时间：一般物品（如布类、金属器械、玻璃器皿等）消毒的要求是 0.15 MPa 126℃ 20 min；橡胶制品为 0.1 MPa 15 min；常规液体为 0.15 MPa 15 min。一般认为在这种情况下 1 min 内几乎可杀死所有微生物，但由于消毒物品的包装内仍可能有冷空气，高压蒸汽未能达到消毒物品内，所以要延长消毒时间（见图 2-4）。

（7）消毒完毕，间歇放气，每次数秒钟，使锅内压逐渐降低（一次长时间放气，锅内压力骤降，沸水喷射，打湿消毒物品）。压力指针降至零位时，打开消毒器盖。液体瓶口棉塞换为胶皮塞，或拔去胶皮塞针头换新塞。

图 2-4 湿热消毒

左图：0.05 MPa 放冷空气；右图：0.15 MPa 20 min 灭菌

注意事项

（1）不可用安全阀摘子排气。

（2）消毒过程中出现漏气时，可试调消毒器盖内胶垫的位置。

（3）灭菌完毕，不要急于取出消毒品，可利用消毒器的余热除去物品部分湿气，半小时左右后，再移入干燥箱烘干。

（二）干热消毒

这种消毒方法主要用于玻璃器皿消毒，一般温度在 160℃ 维持 90~120 min，可以杀死芽胞，达到消灭包括细菌、芽孢在内的一切微生物的目的，还可破坏热原质。消毒完毕，待箱内温度冷却后再开门，避免因冷空气突然进入、温度骤变而引起玻璃器皿的损坏。干热消毒法易使包装纸、布烤焦破碎，不适宜组织培养器材消毒。

（三）紫外线消毒

紫外线直接照射消毒是各实验室常用的方法。主要用于培养室空气、操作台表面和塑料培养皿、培养板等表面的消毒。培养室内紫外线灯应距地面 2.5 m，使室内各处有 0.06 μW（微瓦）能量照射。紫外线管表面有尘土时，杀菌能力减弱，故其消毒环境应清洁无尘,并要求消毒空气湿度<50%,才能达到杀菌效果。紫外线消毒时产生臭氧,对身体有害,故紫外线消毒停止30 min后才可进入实验室工作。

(四) 滤过消毒

大多数培养用液,如人工合成培养液、血清、酶液等均采用滤过法除菌。常用的滤器有正压式除菌滤器和负压式除菌滤器两种。

1. 正压式(加压式)滤过消毒

正压式除菌滤器为金属结构,如图2-5所示,中间垫一种特制的混合纤维素酯微孔滤膜,过滤速度较快,效果较好,被多数实验室使用。滤膜孔径有0.6, 0.45, 0.22 μm三种规格。滤过除菌时,常使用0.22μm孔径的滤膜。滤器上下层各有一槽,放置硅胶垫圈,使滤膜压紧固定。

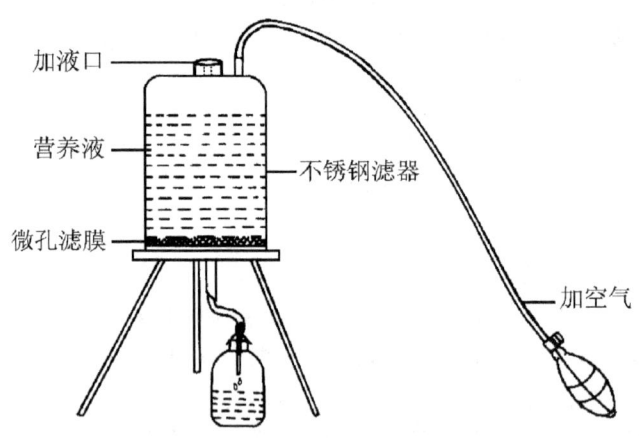

图2-5 正压滤过装置示意图

注意事项

(1) 滤膜薄且光滑,容易移动,安装时膜位置一定要放正。此外,过分干燥的滤膜很脆,在高压、高温下易破裂,因此安装前滤膜先用三蒸水湿润。

(2) 为保证过滤效果,每次使用两张0.22 μm滤膜。

(3) 用无齿玻片镊子夹取滤膜,防止镊齿弄破滤膜。

(4) 金属板螺纹面向上,湿膜放螺纹面。对称拧紧螺丝后,侧面观察滤膜有无移动。

(5) 滤器双层包装,湿热消毒,37℃干燥。

(6) 使用前拧紧螺丝。加压时用力均匀。用后检查滤膜是否移动,对光检查膜有无破裂。

(7) 不同厂家的滤膜质量有差异。

(8) 国产针头滤器是硬塑料制品,包装不妥,滤液易污染。笔者所在实验室的包装方法是:滤膜对光检查后,将两张膜湿水后放在胶圈面上(见图2-6),膜上加水2~3滴,滤板面沾水,两者合盖拧紧,纸包消毒。此法用水作缓冲层,避免了滤器拧紧操作时硬塑料与膜直接摩擦,提高了小滤器包装的成功率。过滤前,滤器接头处先拧紧(高压消毒干燥后接头处稍松),后加液体抽滤。使用时轻轻加压,滤液逐滴下流。若液体从入口溢出,表示压力过大;若液体从滤器侧面流出,表示滤膜偏离中心位,包装失败。用后滤膜检查要求同上。实验者选用塑面光滑、螺纹面宽而完整的产品。

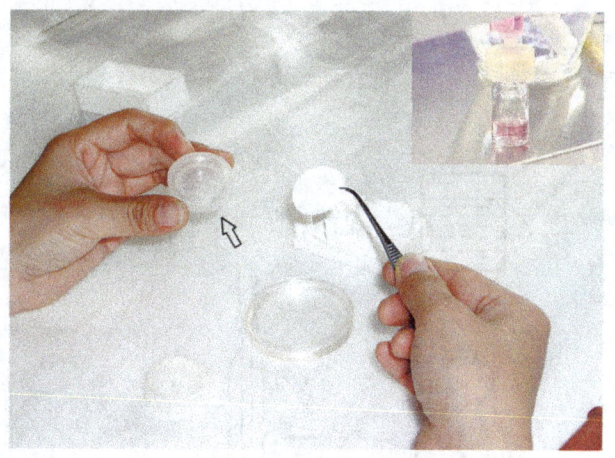

图2-6 针头滤器的安装

2. 负压式滤过消毒

负压式滤过消毒常使用玻璃滤器。玻璃滤器以烧结玻璃滤板固定在一玻璃滤斗上做成,适用于各种培养液的滤过除菌,但不宜滤过血清等粘稠液体,因为容易堵塞滤板孔。根据滤板孔径的大小,负压式除菌滤器分为$G_0 \sim G_6$几种规格。一般使用G_6型(孔径为0.22 μm)除菌。玻璃滤器漏斗接抽滤瓶,胶管连接抽滤瓶和抽气瓶,抽气瓶再与真空抽气泵相连,如图2-7所示。或抽滤瓶用胶管与玻璃水泵相连。负压式滤过消毒的缺点是滤速较慢,清洗过程繁琐。

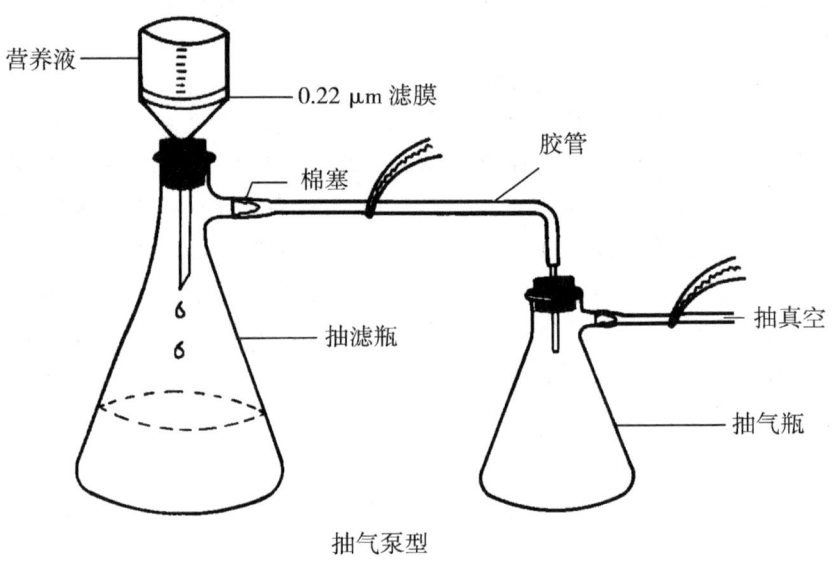

抽气泵型

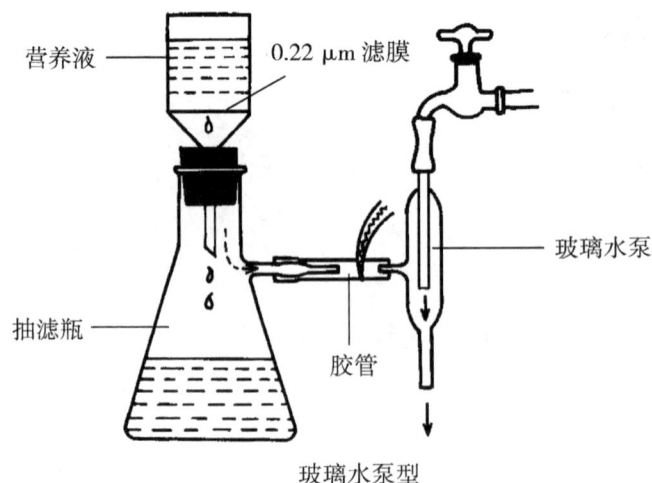

玻璃水泵型

图 2-7 负压滤过装置示意图
上图:抽气泵型;下图:玻璃水泵型

注意事项

(1) 漏斗与下口瓶连接部位要旋紧,并用消毒布包紧连接部位,以保证瓶口不漏气。

(2) 当抽滤瓶内负压形成时,先夹紧抽滤瓶下口胶管,再缓慢停止抽气,防止有菌空气倒回污染滤液。自然滤过一段时间,流速减慢后可再抽气。

(3) 当漏斗中剩余液体为 50~100 ml 时,再夹紧下口胶管并停止抽气,空气随液体自然滤过消毒进入瓶内,瓶内压力逐渐升高,真空解除。

(4) 拆除连接装置(真空泵和抽气瓶),拆除漏斗与下口瓶连接部包布。

(5) 连接部位在火焰前方均匀烧灼后,两者分开,抽滤瓶斜放在超净台上,瓶口顺风向。

(五) 化学消毒

75% 酒精、新洁尔灭、过氧乙酸、乳酸和洗必泰等都是常用的有效消毒剂。0.5% 过氧乙酸 10 min 可将芽孢菌和各种病毒杀死。乳酸蒸气常用作无菌室内或周围环境的定期消毒。超净台的台面、器械、实验者的皮肤等常用 75% 酒精消毒。0.1% 新洁尔灭用于桌、椅、地面、皮肤、操作台面擦试或浸泡消毒。0.1% 洗必泰水溶液用于皮肤浸泡消毒。

(六) 塑料器皿消毒

塑料器皿不耐高温,因此可用纱布清洗干净后,用 75% 酒精(分析纯)浸泡过夜;灭菌三蒸水浸泡两次,每次 10 min;紫外线照射 1 h,细胞基础营养液浸泡过渡后,供短期内使用。

(七) 电离辐射消毒

大包装塑料器皿或不能用上述方法消毒的试剂,可用电离辐射消毒。电离辐射消毒方式有两种:一种是用 2.5 Mrad① 产生的 γ 射线照射 48~72 h;另一种是用大于 5 MeV② 产生的高能电子束照射。前者穿透能力强,处理效果可靠;后者适于较小物品的

---

① Mrad 表示百万拉德。
② MeV 表示百万电子伏特。

灭菌。消毒时由辐照中心专业人员操作。

（八）火焰消毒

细胞实验中器材使用面常用火焰消毒，如瓶口消毒、吸管消毒、瓶塞消毒等。

第二节　实验室常用的仪器设备使用和维护

一、净化台

净化台（即"超净工作台"）的工作原理是：利用鼓风机驱动空气通过高效滤器，去除超净台内空气尘埃颗粒，使空气净化。净化空气徐徐通过工作台面，使工作台内空气构成相对无菌环境。目前，净化台按气流方向有几种类型，现以苏州产 SW-CJ-IF 型生物净化工作台为例，说明气流方向：室内空气经粗滤布首次过滤，由此送出较洁净的空气，再从顶面分向两侧面流动，气流通过操作区，将尘埃颗粒带走，风速0.32 m/s，处理 40 min，工作台内即可形成高洁净的工作环境。工作台侧面配有紫外线杀菌灯，可杀死操作区台面的微生物。

注意事项

（1）净化台宜安置在清洁房间内（无菌室内），尘土过多易致滤器阻塞，降低净化作用，并影响高效滤器寿命。

（2）根据净化台周围环境的洁净程度，定期（2~3个月）清洗或更换粗涤纶滤布。

（3）定期（一般为1周）对环境进行清洁和灭菌工作。经常用酒精纱布擦拭紫外线杀菌灯表面，保持其表面清洁，否则影响杀菌效果。

（4）净化台工作时，平均风速保持在 0.32~0.48 m/s 范围内，酒精灯火焰方向与灯垂直。调压器旋转钮在 125~150 刻度处。出厂前风速已调节好，不要随意转动调压器旋钮。若酒精灯火焰不动，加大电压而风速仍达不到 0.32 m/s 时，必须更换高效过滤器。

二、自动双重纯水蒸馏器

自动双重纯水蒸馏器的结构见图 2-8。其使用方法如下:

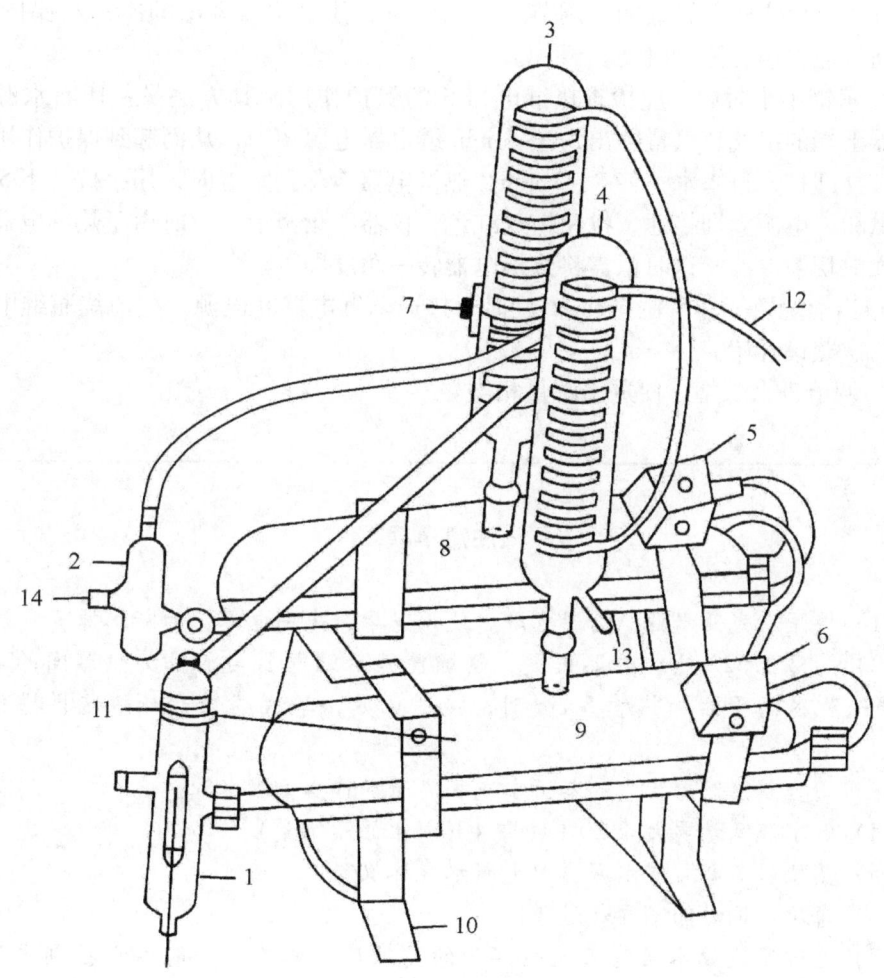

图 2-8 自动双重纯水蒸馏器

1. 干簧水位器;2. 水位器;3. 一次冷却管;4. 二次冷却管;5. 前段 522 继电器;6. 后段 522 继电器;7. 热继电器;8. 一次横式烧瓶;9. 二次横式烧瓶;10. 固定夹具;11. 托架;12. 出水管;13. 二次蒸馏水口;14. 进水口

(1) 打开待蒸馏贮水瓶活塞,去离子水通过水位器 2 流入后烧瓶 8 内,升降水位器的浮子导管,使烧瓶内水位达到正常高度(约 5 cm),然后拧紧进水螺帽。切断前后继电器电源连线。

(2) 打开自来水源,水进入冷凝器 3。接通电源(220 V,11 A),按后烧瓶 522 继电器 5 揿钮,后烧瓶开始蒸馏。调节自来水流量,使水位器溢出的冷却水保持在 40～45℃之间,但不得有蒸汽出现。

(3) 蒸馏半小时后,应检查热继电器 5 的保护作用,其方法是:切断水源,蒸汽从冷却器下端的出气口大量喷出,2～3 min 继电器电源切断,从而起到保护作用。电源切断后,立即打开自来水,待 3～5 min,热继电器冷却到室温时,用手按一下 522 继电器箱上揿钮,电源立即接通,揿钮恢复红色,仪器继续蒸馏。有时由于热继电器位置不当,会无故切断电源,这时只需将热继电器转一角度即可。

(4) 当前烧瓶一蒸水位 5 cm 高度时,接通两继电器间电源,按前烧瓶继电器 6 揿钮,第二次蒸馏开始。

(5) 调节进水螺帽,使进出水量相当。

注意事项

(1) 使用前先开水源,后通电源。使用完毕,先关电源,后断水源。

(2) 为防止 522 热继电器失灵,蒸馏前将后继电器与前位加热器间的电源切断,当一蒸水高于后加热管 5 cm 时,接通电源,二次蒸馏开始。这样操作比较安全。

(3) 用金属蒸馏器生产的蒸馏水或去离子水作蒸馏水水源。

(4) 贮水瓶容量要大于 20 L(即 4 h 以上的蒸馏量)。

(5) 蒸馏时不断补充水源,以免断水烧坏仪器。

(6) 每次蒸馏时间不要超过 3 h。

(7) 通过高速放水活塞来试验浮子的灵敏度,观其是否能达到控制水位的效果,并且要重复几次,以免损坏仪器。

三、抽气泵

采用负压滤过除菌时,需使用真空抽气泵或电动吸引器。

注意事项

（1）使用前要检查进气管道是否密封，以确保负压值。电动吸引器的检查方法如下：先将负压调节旋钮顺时针方向旋紧，然后将贮液瓶端的吸气口堵塞，真空表的指针在 0.091 MPa 左右时，即可使用。若负压数值差距较大，即有漏气，应检查漏气部位。真空抽气泵的操作方法如下：手堵塞进气口时有被吸附的感觉，表示管道密封可以使用。

（2）查看油位。正常泵油在油标中心处，油位过低，对排气阀不起油封作用，影响真空度。油位过高，通气时可能会引起喷油。运转时油位升高属正常现象。

（3）用油选择。泵油的粘度影响起动功率和泵的极限真空。粘度高的油对真空泵有利，启动功率也大。负压抽滤除菌常用的是小泵，可使用 1 号真空泵油或 50 号机械油。

（4）通油线。定期清洗更换油污。更换时用注射器套上塑料管，将原油抽出吸完，再加新油。

四、压力蒸汽消毒器

手提式压力蒸汽消毒器适合一般实验室使用。它有两种型号：一种型号是消毒前锅内加水 3 L，利用热源（电炉、煤气炉、木炭等）直接加热升压消毒；另一种型号是浸入式电热压力蒸汽消毒器，消毒前锅内加水 3.5~4.0 L，通过电热管使水升温和升压消毒。

注意事项

（1）使用压力蒸汽消毒器时，千万不要忘记加水，水按要求量加入。水太多时会使消毒包装物过于潮湿；水太少时会发生未达到消毒时间水已蒸发尽，有损坏电热器和消毒器身的危险。浸入式型要求加水 3500 ml，是因为当压力升到 0.15 MPa/cm^2 时，继续加热 45 min，水位将低于电热管，一般在此时间前已消毒完毕。如果压力表指针下降，说明加热器内水已不多或蒸发尽。

（2）用电加热时，器身必须可靠接地（电源线中黑色线为地线），以免发生触电危险。

五、电热恒温培养箱

适合细菌和封闭式细胞培养。培养箱温度变化不要超过 0.5℃。常用电接点式温度计控制箱内温度。箱内物品不宜过挤,保持热空气畅通流动和箱内平均受热。箱门左侧恒温控制器的刻度并非温度指示刻度。箱内底板因接近电热器,不宜放置实验物品。使用时,箱的风顶适当旋开,使潮湿空气外逸。箱内温度中层和上层可相差 0.3~0.5℃。隔水式电热恒温培养箱使用前,温蒸馏水加至浮标"止水"线。

原代细胞实验中,笔者利用隔水式电热培养箱和磁力搅拌器制作简易组织消化装置(见图2-9)。根据室温调节箱温,使磁盘上水杯温度在 37.5℃ 左右。

图 2-9 简易组织消化装置

六、电热恒温干燥箱

电热恒温干燥箱主要用于烘干和干热消毒玻璃器皿。带鼓风机的干燥箱升温较慢,但温度均匀。

注意事项

（1）电源接通后，鼓风与升温同时开始，待达到所需温度时，停止鼓风。禁止先升温后鼓风，因为升温较高，鼓风使新鲜空气进入，局部高温有时会起火，使消毒的玻璃器皿破裂。

（2）干燥箱的散热板不能放置物品，以免影响热空气对流。

（3）箱内的物品不宜过挤，否则不利于冷热空气对流。

（4）物品入箱后，箱顶部的孔打开，有利于箱内潮湿空气外逸。

（5）湿热消毒后，物品选择45~50℃烤干。器材干燥时，瓶管使用端向下。

（6）为防止电热恒温干燥箱失灵，离开实验室时要切断电源。

七、液氮生物容器

液氮生物容器（即"液氮罐"）主要用于冻存细胞、组织块等活性材料。

注意事项

（1）液氮是一种超低温液体（-196℃），如溅到皮肤会引起冻伤，因此在灌充液氮和取出液氮时，应戴皮手套，不能赤脚或穿拖鞋，以免液氮飞溅伤人。

（2）容器外壁在过度冲击和碰撞下会产生凹陷，如凹陷后蒸发性能不变，仍可继续使用。如容器颈部周围有出汗现象或附着白霜，即证明容器真空已经损坏，不能再用。

（3）国产液氮罐做好提筒编号登记，进口液氮罐做好分区标位登记，这样取放有序，操作迅速。减少温度变化对细胞活力的影响，也减少液氮消耗量。

（4）注意液氮的储量，罐内液氮量保持罐总容量的2/3。罐内液氮隔两周补充1次。

（5）容器的洗涤与干燥：在使用过程中，液氮罐内胆会慢慢积蓄水分，并繁殖细菌。细菌混入液氮会对内胆有一定程度的腐蚀，因此每年最好对液氮容器洗涤1~2次。洗涤方法如下：① 从容器中取出提筒，罐放两天左右，容器内温度上升至室温；② 用40~50℃温水注入容器内，用布擦洗容器的四周；③ 清水冲洗；④ 容器倒置自然风干。

八、CO_2 培养箱

CO_2 培养箱为细胞提供一定比例的 CO_2 气体，使细胞培养环境中氢离子浓度保持相对恒定，为细胞提供一个比较稳定的 pH 范围。

（一）CO_2 培养箱启动调节程序

(1) 温度调节：37℃，18~24 h 温度平衡。
(2) 湿度调节：箱内水槽加灭菌水，18~24 h 湿度平衡。
(3) 5% CO_2 张力调节：4~6 h 气体平衡。

CO_2 培养箱通过 CO_2 减压器与供气瓶连接。CO_2 减压器由双表组成：左表是低压表，右表是高压表。高压表连接 CO_2 供气瓶。低压表带调节螺杆，与培养箱连接。

CO_2 进气压调节方法如下：

(1) CO_2 减压器与 CO_2 气瓶连接（见图 2-10）。气瓶出口填皮垫，气瓶连接端缠生料带（聚四氟乙烯密封带，水管接头常用），两者连接后用扳手旋紧。肥皂水测试接口，不漏气为连接合格。

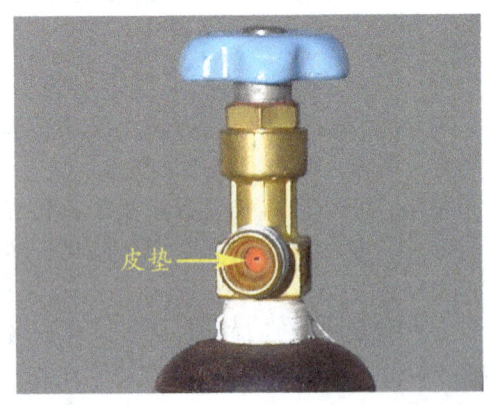 

图 2-10 CO_2 供气瓶连接端示意图

左图：放入皮垫；右图：缠密封带

(2) 打开 CO_2 供气瓶前，按逆时针方向旋转减压器调节螺杆，直到调节弹簧不受压力为止。
(3) 进气管捏紧，CO_2 供气瓶阀门缓慢打开，高压表指示瓶内气体量读数。
(4) 顺时针方向慢慢旋转减压器调节螺杆，使 CO_2 气体减压。当低压表指针指向

0.04 MPa 时，进气管放松，使 CO_2 气体缓慢流入箱内（有的培养箱进行此步操作时，还需松动低压表的出口）。若压力超过 0.06 MPa 时，反时针旋转螺杆，放出一部分气体后再调节，直到 CO_2 气压稳定在 0.04 MPa 止。4~6 h 箱内 CO_2 气体平衡（图2-11）。

图 2-11　CO_2 培养箱监控
左图：进气压 0.04 MPa；中图：温度计对照；右图：湿度保持

（二）CO_2 培养箱更换供气瓶调节程序

（1）低压表压力下降为零。
（2）连接供气瓶。
（3）减压调节至 0.04 MPa。
详细操作参阅进气压调节方法。

注意事项

（1）螺口瓶培养细胞时，需将瓶盖微松，以保证通气；但瓶口过松，细胞易受污染。
（2）保持 CO_2 培养箱内空气干净。定期用紫外线灯消毒，或用酒精纱布擦拭后，再用无菌干纱布擦干。
（3）箱内水槽中加 1/3~1/2 的灭菌蒸馏水（1000 ml 蒸馏水中加新洁尔灭 5 ml），维持箱内饱和湿度，避免培养液内 CO_2 气体干热逃逸。此点十分重要，实验者常忘箱内加水。

（4）箱内放 1~2 支水银温度计，作为培养箱温度对照（见图 2-11）。

（5）培养物多时，可将培养瓶皿置搪瓷盘内，缩短开箱的时间，减少 CO_2 消耗。搪瓷盘入箱前，要用酒精纱布擦拭，再用无菌干纱布擦干，以减少带入箱内的微生物。

（6）电热型 CO_2 培养箱温度受室温影响。室温高于 30℃ 时，培养箱温度感受器调节失灵，箱内可达 39℃。为避免上述现象产生，夏季培养细胞时，室温应保持在 25℃ 左右。

（7）CO_2 气压零点有自然漂移现象。每隔 3 个月，用 CO_2 气压测试仪检测箱内气压和进行零点调整，以确保箱内 5% 气压数值（见图 2-12）。

（8）CO_2 进气压调节过程要细心，缓慢操作。供气瓶中气体若不经减压直接进入箱内，因气体压力较高，可冲破 CO_2 调节装置（电磁阀），其后果是 CO_2 气压调节失控。

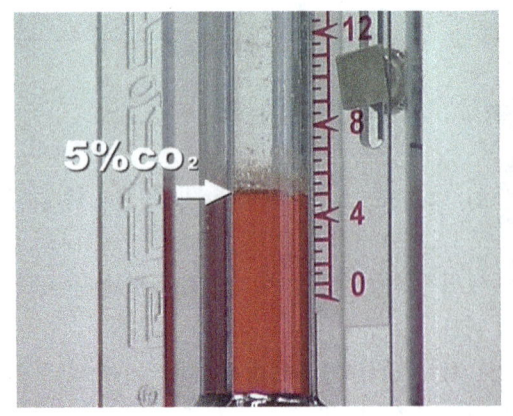
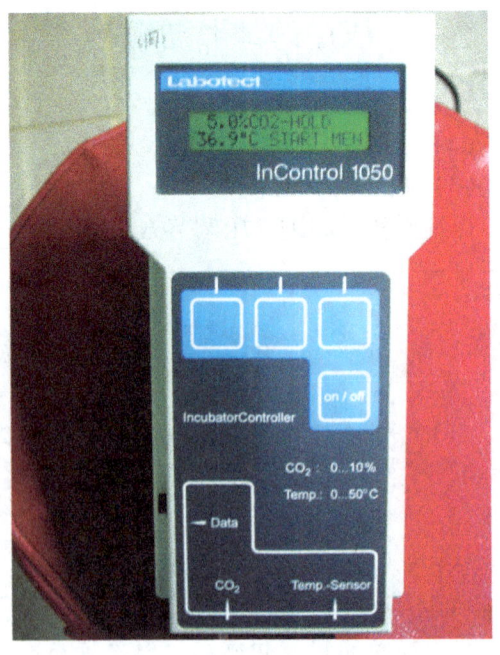

图 2-12　CO_2 培养箱气压测试

左图：瓶式测试；右图：仪表测试

九、冰箱

普通冰箱是组织培养工作的必备设施。使用中的培养液、消化液、BSS液等要贮存在4℃；血清、未用过的消化液和培养液需要冷冻保存，应贮存于 $-70 \sim -20$℃低温冰箱中。冰箱内禁止存放挥发药品，因其会污染培养基，毒害细胞。禁止存放易燃和有毒的药品，保持冰箱清洁，定期做好清洁保养。多人使用冰箱时，冰箱内的物品要分区摆放，这样，取放方便，缩短开箱时间，延长冰箱寿命。物品间留有空隙，便于冷空气对流，箱内温度均匀。

此外，还有倒置显微镜（观察活细胞）、相差显微镜（活细胞观察和摄像）、BH显微镜（染色细胞摄像）、数字酸度针（测定溶液pH值）、电磁力搅拌器（细胞分离和培养基、酶等试剂溶解，使用时注意去除加温系统）、电子天平等仪器设备。

第三节　动物细胞培养用液制备

动物细胞培养中常用的液体有平衡盐溶液、培养基（天然和合成）及消化液等。这些液体在配制时有如下要求：
(1) 使用高纯化的三蒸水。
(2) 按照用液的配方计算各成分的用量，然后准确称取，并按规定顺序溶于三蒸水中。
(3) 保证各组分完全溶解。
(4) pH值测试和调整。
(5) 消毒分装小瓶，抽样做无菌实验。
(6) 配制细胞用液器材的清洁要求同细胞培养器材。

一、蒸馏水

体外培养细胞对水的质量十分敏感，普通自来水含大量离子和一些杂质，对细胞生长不利，甚至会引起细胞死亡，因此培养细胞用液的水必须高度纯化。目前纯化水有离子交换水和蒸馏水，前者由于仍带有非离子物质和有机物质，不适合组织培养使用。组织细胞培养必须使用电阻率为 $3 \times 10^5 \Omega$ 以上的三蒸水。无血清培养基水的电阻率要求

在 $6 \times 10^5 \Omega$ 以上。金属蒸馏器制备的蒸馏水又常混有金属离子,故还需经双重纯水蒸馏器(玻璃)蒸馏。笔者所在实验室的组织培养用水制备过程如下:自来水→离子交换水→玻璃蒸馏器蒸馏两次。新鲜三蒸水应贮存于棕色磨口试剂瓶中,避免光对蒸馏水的作用。使用过程中减少开放次数,减少空气污染。蒸馏水存放的时间不要超过2周,最好现制现用。避免空气中的毒气污染水质,蒸馏水尽可能达到最高度纯净,因为血清蛋白可以与污染毒物结合。

二、平衡盐溶液

平衡盐溶液(Balanced Salt Solution, BSS)是在 Rringer 生理盐水基础上发展起来的。它是人工合成培养基的基础成分,又常用来洗涤组织细胞。其主要成分是无机盐和葡萄糖。无机离子构成细胞的生命成分,维持细胞渗透压及其生存环境的稳定。葡萄糖供给细胞生存所需的能量。BSS 中少量酚红是作为溶液酸碱度变化的指示剂,溶液变酸时呈黄色,溶液弱碱性(pH 7.2~7.4)时呈深红色,pH 升高至7.6以上呈紫红色。在碳酸盐缓冲系统中,$NaHCO_3$ 具有调节 CO_2 浓度的作用。

表2-2是常用 BSS 的组成成分及其含量。Hanks 液和 Earle 液是多数培养基的基础溶液,两者主要区分是缓冲能力不同。Hanks 液中 $NaHCO_3$ 含量较低(0.35 g/L),其缓冲能力较弱,一般用空气平衡;Earle 液含有高浓度的 $NaHCO_3$(2.2 g/L),其缓冲能力较强,溶液 pH 值需在5%的 CO_2 培养箱中才能达到平衡。

表2-2 常用的 BSS

单位:g/L

	Ringer	PBS	Tyrode	Earle	Hanks	Dulbecco	D-Hanks
NaCl	9.00	8.00	8.00	6.80	8.00	8.00	8.00
KCl	0.42	0.20	0.20	0.40	0.40	0.20	0.40
$CaCl_2$	0.25		0.20	0.20	0.14	0.10	
$MgCl_2 \cdot 6H_2O$			0.10			0.10	
$MgSO_4 \cdot 7H_2O$				0.20	0.20		
$Na_2HPO_4 \cdot 2H_2O$		1.56			0.06		0.06
$NaH_2PO_4 \cdot 2H_2O$			0.05	0.14		1.42	
KH_2PO_4		0.20			0.06	0.20	0.06
$NaHCO_3$			1.00	2.20	0.35		0.35
葡萄糖			1.00	1.00	1.00		
酚红				0.02	0.02	0.02	0.02

BSS 的配制方法（以 Hanks 液为例）如下：

  甲液：$Na_2HPO_4·2H_2O$ 0.06 g
     KH_2PO_4 0.06 g
     $MgSO_4·7H_2O$ 0.20 g
     葡萄糖   1.00 g
     NaCl   8.00 g
     三蒸水   750 ml
  乙液：$CaCl_2$ 0.14 g
     三蒸水   100 ml

（1）甲液搅拌溶解，乙液单独溶解。
（2）将乙液徐徐加入甲液中。
（3）将 0.35 g $NaHCO_3$ 单独溶解在 37℃ 100 ml 三蒸水中。
（4）用数滴 $NaHCO_3$ 液溶解 0.02 g 酚红。
（5）将（3）、（4）液移入甲乙混合液中。
（6）用三蒸水定容至 1000 ml，充分混匀，膜封口 4℃冰箱过夜。空气平衡液体 pH 值。
（7）次日滤过消毒，小瓶分装 4℃冷藏。

注意：酚红对细胞有一定毒性，目前实验中的用量除 0.02 g 外，还有 0.01 g 和 0.005 g，也有不加酚红的 HBSS。酚红量不同，BSS 的颜色也不同。

注意事项

（1）BSS 中各试剂规格为一级 GR 试剂或二级 AR 试剂。
（2）配制后液体呈桃红色，pH 7.4 左右，没有混浊和沉淀。
（3）含 Ca^{2+}，Mg^{2+} 的物质要单独溶解。
（4）可配制 10 倍浓度的贮存液，滤过消毒，分装，每瓶 10 ml，冰箱保存。使用时每瓶加灭菌三蒸水至 100 ml。
（5）Ca^{2+}，Mg^{2+} 是细胞膜的重要组分，有使细胞凝聚的作用。因此，用于分离细胞的消化液宜用无 Ca^{2+}，Mg^{2+} 离子的 D-Hanks 液或 PBS 配制。

三、天然培养基

天然培养基有血清、血浆、水解乳蛋白、胶原和组织提取液。

（一）血清

血清质量的好坏是实验成功的关键。常用的血清有胎牛血清、新生牛血清、小牛血清人 AB 血清、兔血清等。其中以胎牛血清质量最好，但来源困难，价格较贵。血清含有：①多种蛋白质（白蛋白、球蛋白、铁蛋白、酶等）和核酸；②多种金属元素（K^+，Na^+，Mg^{2+}，Cu^{2+}，Ca^{2+} 等）；③激素；④促贴附物质，如纤粘蛋白（Fibronectin，FN）、冷析球蛋白（Cold Insoluble Globulin，CIG）等。血清向细胞提供激素、生长因子、转移蛋白、基膜成分等。不同个体间血清成分差异大，因此常影响实验结果，且其来源又受限制。此外，污染支原体的血清也是污染细胞的一个途径，而且它还是分离细胞代谢产物的一个障碍。

优质血清透明淡黄色，不溶血或少溶血，56℃ 30 min 灭活后，颜色较深。血清灭活后可能丢失某些成分，但灭活血清相对稳定，便于使用和保存。细胞培养用的血清必须保证无细菌、支原体、内毒素污染。血清总蛋白量在 35～45 g/L 之间，球蛋白量小于 20 g/100 ml。球蛋白含量高的血清，表示胎牛或孕牛受感染，因此球蛋含量越低的血清，其质量越好。

血清灭活处理的步骤如下：

（1）选用与血清瓶同规格的对照瓶一个。

（2）对照瓶内放入与血清等体积的水。

（3）温度预试。对照瓶内插入 2～3 支经挑选的温度计（保证测试温度的准确性），放入水浴箱中，接通电源。温度计 56℃ 时，水浴箱温度钮标志 56℃ 位，数字水浴箱记录温度显示数。

（4）血清灭活。血清瓶与带温度计的对照瓶一齐放入水浴箱中，温度钮指向 56℃ 位，数字水浴箱温度调节至记录数。升温，温度计 56℃ 时，定时 30 min。

（5）大瓶血清灭活后，小瓶分装。

（6）抽样无菌试验（37℃，3 d）。−70～−20℃保存。

注意事项

(1) 实验者买到冰冻血清时,首先要观察血清融化后的颜色和清亮度,若颜色偏红,或色浅,或出现沉淀时,表示血清质差或变质,应当退货。

(2) 血清冻融后,最上层无色透明,活力最差,故分装前应将其摇匀。

(3) 血清反复冻融使用,其效价下降又容易受污染。

(4) 长时间冻存的血清,一旦冻融后出现沉淀物(此物抑制细胞生长),应弃去。

(5) 若有条件,先购买少量几种批号血清,进行细胞生长曲线、细胞克隆率检查,从而筛选出质量好的血清。

(6) 为了使整个试验结果稳定,以便前后比较,应使用同一批号血清。

(二) 水解乳蛋白

水解乳蛋白为淡黄色粉末,易潮解结块,但不影响使用。不同批号和牌号的水解乳蛋白,其质量有差异。水解乳蛋白是乳白蛋白经蛋白酶和肽酶水解后的产物,含有丰富的氨基酸。开始时,水解乳蛋白是为猴肾细胞培养设计的,但实际上它对许多细胞系(株)如 Hela 细胞和原代细胞都是一种优良的培养基。使用水解乳蛋白时,用 Hanks 液配制成 0.5% 溶液(酸性),一般与合成培养基按 1:1 比例混用。

(三) 鼠尾胶原

胶原是细胞生长的良好基质,它能促进组织和细胞的附着,改善细胞生长表面特性。胶原来源有大鼠尾腱、豚鼠真皮、牛的真皮和牛眼的水晶体等。实验室常用大鼠尾制胶原。鼠尾胶原为粘度较大的半透明液体,难以滤过除菌,应无菌操作制备胶原。

1. 鼠尾胶原的制备方法

(1) 0.1% 醋酸溶液,0.15 MPa 高压灭菌 10 min。

(2) 250 g 体重大白鼠尾一条,置 75% 酒精中浸泡 1 h。

(3) 鼠尾置平皿中切成 1.5 cm 左右的小段,剥去毛皮,抽出尾腱(见图 2-13)。

(4) 尾腱剪碎后浸泡在 150 ml 4℃ 醋酸液中,间断振摇 48 h。

(5) 4000 rpm (revolutions per minute, 每分钟转数,转/分) 离心 30 min(最好在 4℃ 条件下)。

(6) 上清液分装小瓶,或经 0.15 MPa (126℃) 灭菌 10 min 后分装。-20℃ 保存。

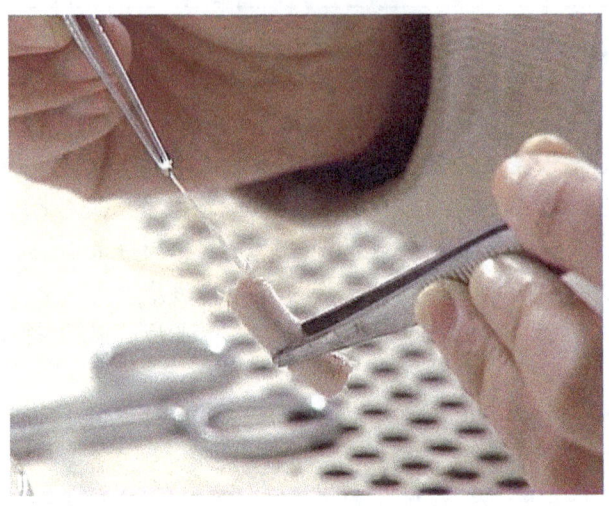

图 2-13 抽鼠尾腱

(7) 残渣可再加 40 ml 醋酸液作用 24 h 后,取上清液再离心收集。

2. 鼠尾胶原的使用方法

(1) 将鼠尾胶原均匀涂于器皿的细胞生长面上,胶原量以不留液滴为准。
(2) 培养瓶置灭菌饭盒内,37℃ 4 h 或室温 24 h,胶原凝固。
(3) 用 BSS 或基础营养液洗涤胶原面后,再经细胞培养液浸泡过夜,4℃备用。

(四) 胚胎浸液

胚胎浸液能促进细胞生长繁殖。常用的胚胎浸液有鸡胚和牛胚浸液。如用 9~11 d 鸡全胚磨碎,加等量缓冲液,离心去上清液,即为鸡胚浸液,-70~-20℃保存。

四、合成培养基

合成培养基是根据体内细胞生存所需的物质种类和数量,用化学物质模拟合成。目前已设计 100 多种培养基,如 TC199,MEM,RPMI-1640,DMEM,Ham's F_{12} 等。常用的几种动物细胞培养基组成成分及其含量见表 2-3。这些培养基在设计时各有其特定的目的,但实际上适用于多种细胞培养。合成培养基的主要成分是氨基酸、维生素、碳水化合物、无机盐和其他一些辅助物质。

表 2-3 常用的动物细胞培养基

单位：mg/L

成分		培养基	MEM	DMEM	DMEM/F$_{12}$	F$_{12}$	RPMI 1640	M199
氨基酸	丙氨酸	DL-Alaninc						50.00
		L-Alanine			4.45	8.90		
	精氨酸	L-Arginine					200.00	70.00
		L-Arginine · HCl	126.00	84.00	147.50	211.00	50.00	
	天冬酰胺	L-Asparagine · H$_2$O				7.50	15.01	
	天冬氨酸	L-Aspartic acid			6.65	13.30	20.00	
		DL-Aspartic acid						60.0
	半胱氨酸	L-Cysteine · HCl · H$_2$O			17.56	35.12		0.11
		L-Cysteine					50.0	
		L-Cysteine · 2HCl	31.29	62.57	31.29			26.00
	谷氨酸	DL-Glutamine acid · H$_2$O						150.00
		L-Glutamine acid			7.35	14.70	20.00	
	谷氨酰胺	L-Glutamine	292.00	584.00	365.00	146.00	300.00	100.00
	甘氨酸	Glycine		30.00	18.75	7.50	10.00	50.00
	组氨酸	L-Histidine					15.00	
		L-Histidine · HCl · H$_2$O	42.00	42.00	31.48	20.96		21.88
	羧脯氨酸	L-Hydroxyproline					20.00	10.00
	异亮氨酸	DL-Isoleucine						40.00
		L-Isoleucine	52.00	105.00	54.47	3.94	50.00	
	亮氨酸	DL-Leusine						120.00
		L-Leusine		105.00	54.47	3.94	50.00	
	赖氨酸	L-Lysine · HCl		146.00	91.25	36.50	40.00	70.00
	蛋氨酸	DL-Methionine						30.00
		L-Methionine		30.00	17.24	4.48	15.00	
	苯丙氨酸	DL-Phenylalanine						50
		L-Phenylalanine	32.00	66.00	35.48	4.96		
	脯氨酸	L-Proline			17.25	34.50	20.00	40.00
	丝氨酸	DL-Serine						50.00
		L-Serine		42.00	26.25	10.50	30.00	
	苏氨酸	DL-Threonine						60.00
		L-Threonine	48.00	95.00	53.45	11.90	20.00	
	色氨酸	DL-TryptopHan						20.00
		L-TryptopHan	10.00		9.02	2.04	5.00	
	缬氨酸	DL-Valine						50.00
		L-Valine	46.00	94.00	52.85	11.70	20.00	

续上表

	培养基成分		MEM	DMEM	DMEM/F$_{12}$	F$_{12}$	RPMI 1640	M199
维生素	抗坏血酸	Ascobic acid						0.05
	维生素 E	a-TocopHerol Phosptahe·Na						0.01
	生物素	Biotin			0.0035	0.0073	0.20	0.01
	钙化醇	Calciferol						0.10
	泛酸钙	D-Ca pantothenatc	1.00	4.00	2.24	0.48	0.25	0.01
	二酒石酸胆碱	Choline bitartrate						
	氯化胆碱	Choline chloride	1.00	4.00	8.98	13.96	3.00	0.50
	叶酸	Folic acid	1.00	4.00	2.65	1.30	1.00	0.01
	肌醇	i-lnositol	2.00	7.20	12.60	18.00	35.00	0.05
	2-甲基萘醌（维生素 K$_2$）	Menadione						0.01
	烟酸	Niacin						0.025
	烟酰胺	Niacinamide	1.00	4.00	2.02	0.037	1.00	0.025
	对氨基苯甲酸	Para-aminobenzoic acid						0.05
	吡哆醛（维生素 B$_6$）	Pyridoxal·HC1	1.00	4.00	2.00			0.025
	吡哆醇（维生素 B$_6$）	Pyriboxine·HC1			0.031	0.062	1.00	0.025
	核黄素（维生素 B$_2$）	Riboflavin	0.10	0.40	0.219	0.038	0.20	0.01
	硫胺素（维生素 B$_1$）	Thiamine·HC1	1.00	4.00	2.17	0.34	1.00	0.01
	维生素 A	Vitamin A						0.14
	维生素 B	Vitamin B			0.68	1.36	0.005	
无机盐	CaCl$_2$		200.00	200.00	116.60	33.32		200.00
	Ca(NO$_3$)$_2$·4H$_2$O						100.00	
	CuSO$_4$·5H$_2$O				0.0013	0.0025		
	Fe(NO$_3$)$_2$·9H$_2$O			0.10	0.05			0.72
	FeSO$_4$·7H$_2$O				0.417	0.834		
	KCl		400.00	400.00	311.80	223.60	400.00	400.00

续上表

成分	培养基	MEM	DMEM	DMEM/F_{12}	F_{12}	RPMI 1640	M199
无机盐	KH_2PO_4						
	$MgCl_2$			28.64	57.22		
	$MgCl_2 \cdot 6H_2O$						
	$MgSO_4$	97.67	97.67	48.84		48.84	97.67
	$MgSO_4 \cdot 7H_2O$						
	NaCl	6800.00	4750.00	6999.50	7599.00	5850.00	6800.00
	$NaHCO_3$	2200.00	2750.00	1176.00	2200.00	2200.00	
	$Na_2HPO_4 \cdot H_2O$	140.00	125.00	52.50			140.00
	Na_2HPO_4			71.02	142.04	800.00	
	$NaHPO_4 \cdot 7H_2O$						
	$ZnSO_4 \cdot 7H_2O$			0.432	0.863		
其他成分	硫酸腺嘌呤 Adenine sulfate						10.00
	ATP Adenosune triphosphate·2Na						1.00
	腺苷-磷酸 Adenylic acid						0.20
	胆固醇 Cholesterol						0.20
	脱氧核糖 Deoxyribose						0.50
	葡萄糖 D-Glucose	1000.00	4500.00	3151.00	1802.00	2000.00	1000.00
	谷胱甘肽（还原型）Glutathione (reduced)					1.00	0.05
	鸟嘌呤 guanine·HCl						0.30
	Hepes			5958.00	3574.50	5957.50	
	次黄嘌呤 Hypoxanthine / Hypoxanthine·Na			2.39	4.77		0.354
	亚油酸 Linoleic acid			0.042	0.084		
	硫辛酸 Lipoic acid			0.105	0.21		
	酚红 Phenol red	10.00	15.00	8.10	1.20	5.00	20.00
	腐胺 putrescine·2HCl			0.081	0.161		
	核糖 Ribose						0.50
	醋酸钠 Sodium acetate						50.00
	胸腺嘧啶 Thymine						0.30
	胸苷 Thymidine			0.365	0.73		
	吐温 80 Tween 80						20.00
	尿嘧啶 Uracil						0.30
	黄嘌呤 Xanthine / Xanthine·Na						0.344
	丙酮酸钠 Sodium pyruvate			55.00	110.00		

(一) 合成培养基的主要成分

(1) 氨基酸。氨基酸是组成蛋白质的基本单位。不同种类的细胞对氨基酸的需求不同,细胞必须依靠培养液供给12种必需L型氨基酸(精氨酸、组氨酸、半胱氨酸、异亮氨酸、亮氨酸、蛋氨酸、苯丙氨酸、苏氨酸、色氨酸、酪氨酸、缬氨酸和赖氨酸);此外,用于培养上皮细胞、内皮细胞、神经细胞等的培养液中还需补加谷氨酰胺。这是因为谷氨酰胺除了作为氮源、碳源外,还具有特殊作用:它能促进各种氨基酸进入细胞,它所含的氮是核酸中嘌呤和嘧啶的来源。同样,它也是合成三、二和一磷酸腺苷的必需物质。实验又证实,谷氨酰胺在培养液中不稳定,加有谷氨酰胺的培养液,半衰期4℃为3周,36.5℃为1周,使用两周以上时,还须补加原量的谷氨酰胺。

(2) 碳水化合物。碳水化合物既是细胞生命的能量来源,也是合成某些氨基酸的原料,主要有葡萄糖、核糖、脱氧核糖、丙酮酸钠和醋酸钠等。

(3) 无机离子。无机离子是细胞的重要组分,它们在调节细胞代谢、促进细胞生长发育和维持细胞生理功能等方面有重要作用。无机离子还是某些维生素、激素、酶形成过程中不可缺少的原料。除平衡盐溶液成分外,有的培养液中还含有如Fe^{2+},Ze^{2+},Cu^{2+}等微量离子。

(4) 维生素。维生素是维持细胞生长的一种有机化合物,它分为脂溶性维生素和水溶性维生素两大类。脂溶性维生素有维生素A,D,E,K等;水溶性维生素有维生素C和维生素B_1,B_2,B_6,B_{12}等。

(5) 其他成分。较为复杂的培养液中还包括核酸降解物如嘌呤、嘧啶、辅酶A,以及氧化还原剂如抗坏血酸、谷胱甘肽等等。

(二) 合成培养基(液)的配制方法

人工合成培养基是细胞培养基的基础培养液,称为基础培养基;因它提供细胞生存所需的营养成分,因此还称为细胞营养液。人工合成培养基有干粉型、1倍工作液型和10倍浓缩型三类。干粉型培养基性质稳定,便于储存和运输,使用方便。使用时按照说明书要求配制,要确保培养基所有组分完全溶解,并在消毒和保存过程中不产生沉淀。常用的配制方法是干粉培养基溶解于三蒸水后,再加pH调节剂(碳酸氢钠)制成。配置过程分四步进行。现以RPMI-1640营养液的配制为例加以说明(见图2-14)。

(1) **RPMI-1640培养基溶解:**

  RPMI-1640 10.4g
  Hepes 2.7~5.4 g
  三蒸水 700 ml

　　　　磁棒　　　　　　　　　1个

磁力搅拌 100 rpm 3~4 h，至颗粒完全溶解（橙黄色 pH 5.8）。

　（2）**碳酸氢钠单独溶解**：

　　　　NaHCO₃　　　　　　 2.0~2.2 g
　　　　三蒸水　　　　　　　30 ml

37℃，30 min 颗粒溶解。

　（3）**升高 pH**：步骤（1）和（2）两液混合，加水至 1000 ml（橙红色，pH 7.0~7.1），4℃静止 2~3 h。

　（4）**滤过除菌分装**：瓶底无沉淀时，营养液通过 0.22 μm 滤膜，滤过除菌。滤液（pH 7.2）分装，抽样做无菌试验，−70~−20℃冻存。

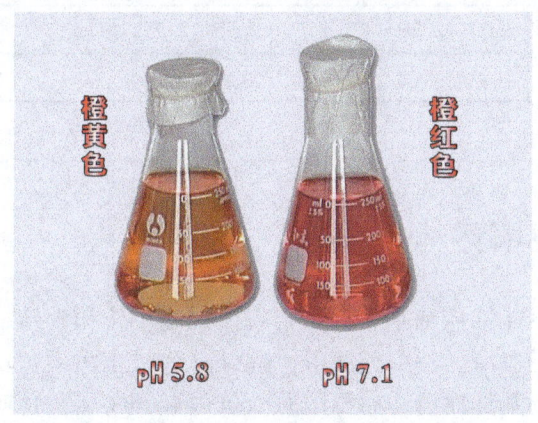

图 2−14　RPMI-1640 营养液 pH 值调节前后比较

注意事项

（1）使用当天制备的三蒸水配制营养液。

（2）人工合成培养基每包 10.4 g，1000 ml 用量。原代细胞培养液用量少，营养液消耗慢。为保证营养液新鲜，故一次不宜配 1000 ml 量，按 2 周用量配制为宜。培养基粉末易潮解，开封使用后，放于 4℃冰箱干燥保存，每次用后在包装袋上记录使用日期、使用量。再次配制时，需恢复至室温称取。配量过多、低温存放时间过长，因某些营养成分（氨基酸、维生素 B 族和维生素 C 等）的分解或丢失，营养液出现沉淀。

(3) 营养液中成分是否溶解的判断方法：将营养液置室温或4℃冰箱30 min后，瓶底无颗粒表示基本溶解。

(4) 其他合成培养基的配制步骤同 RPMI-1640。培养基不同，溶解后 pH 值不同。故不同营养液溶解后再升高 pH 时，碳酸氢钠的用量也不同。使用5% CO_2 气压条件培养细胞时，不同营养液，其碳酸氢钠的用量参照说明书和表2-4。笔者所在实验室常用营养液碳酸氢钠的用量见表2-4。

表2-4　笔者所在实验室常用营养液碳酸氢钠用量

单位：g/L

RPMI-1640	M199	DMEM	F_{12}
2.00～2.20	2.00～2.20	2.55～2.75	1.10～1.175
橙红色	红色	红色	淡粉色

五、血清细胞培养基

人工合成培养基只能维持细胞生存，要想使细胞生长和繁殖，还需补充一定量的天然培养基，最常用的是血清、谷氨酰胺等。此外，为防止污染，培养液中还经常加一定量的抗菌素。基础培养基加血清、谷氨酰胺、抗菌素等物质后，叫细胞培养基，也叫完全培养基。细胞培养基按其中血清量多少又分为两种：细胞生长培养基和细胞维持培养基。其组成如表2-5所示。

表2-5　完全培养基的组成

	细胞生长培养基	细胞维持培养基
基础培养基	80%～90%	95%
血清	10%～20%	5%
谷氨酰胺（20 mmol/L）	1 ml	1 ml
青霉素、链霉素	各100 u/ml	各100 u/ml

六、无血清细胞培养基

由于血清成分复杂，常常给细胞培养后的某些研究工作，如细胞产物的提取、激素和药物作用机理等带来困难。血清中究竟哪些成分是细胞生长所必需的呢？几十年来没有明确的答案。也有一些细胞在血清培养基中不能生长。1975 年，Sato 成功地用无血清培养基培养了垂体细胞株 CH_4，还有人用 $HamF_{12}$ 无血清细胞培养基成功地克隆了 CHO 细胞。近 20 多年来报道了几十种细胞系（株）在无血清细胞培养基中成功地生长和增殖。这些细胞有内分泌细胞、表皮细胞、神经细胞、淋巴细胞、成纤维细胞和肾细胞等。无血清细胞培养基保证了实验结果的准确性、重复性和稳定性，减少了血清带来的细胞污染机会；简化了提纯、精制和鉴定 McAb、淋巴因子、干扰素等细胞产物的程序，降低疫苗过敏反应。无血清培养基价格昂贵，保存期短，目前使用受限。价廉有效的无血清培养液有待于深入研究。

无血清培养基一般由基础培养基和替代血清的补充成分组成。目前使用无血清培养基时，还需加入少量血清。

（一）基础培养基

必须根据不同的细胞选用适宜的基础培养基。常用的基础培养基有 MEM，NT，M199，F_{12}，DMEM，RPMI-1640，IMDM，DMEM：F_{12} = 1：1、RPMI-1640：DMEM：F_{12} = 2：1：1等，其中 DMEM 和 F_{12} 混合培养液为多种细胞使用，根据细胞的生长要求，每升中补加 Hepes 15 mmol，$NaHCO_3$ 1.2 ~ 2.4 g。

（二）无血清培养基的补充成分

补充成分即代替血清的各种因子的总称。多数无血清培养基必须补加 3 ~ 8 种因子，任何单一因子都不能取代血清，至少需两种。已知有 100 多种此类因子，其中有些是必需补充因子，如胰岛素、硒酸钠（Na_2SeO_3）和转铁蛋白。其他多数为辅助作用因子。补充成分按功能将其分成四类，见表 2 - 6。

表 2 - 6　无血清培养基的补充成分

补充因子	浓　度
激素和生长因子	
胰岛素	5 ~ 10 μg/ml
胰高血糖素	0.05 ~ 5 μg/ml

续上表

补充因子	浓 度
促卵泡激素	0.05~5 μg/ml
生长激素	0.05~0.5 μg/ml
生长调节素C（或MSA）	1~100 ng/ml
表皮生长因子	1~100 ng/ml
成纤维生长因子	1~10 ng/ml
神经生长因子	1~10 ng/ml
甲状旁腺激素	1~10 ng/ml
促甲状腺激素释放激素	1~10 ng/ml
促黄体生长激素释放激素	1~10 ng/ml
前列腺素 F_{12}	1~100 ng/ml
前列腺素 E_1	1~100 ng/ml
三磺甲腺原氨酸	1~100 nmol/L
氢化可的松	10~100 nmol/L
孕（甾）酮	1~100 nmol/L
睾（甾）酮	1~10 nmol/L
雌（甾）二醇	1~10 nmol/L
结合蛋白	
转铁蛋白	0.5~100 μg/ml
无脂肪酸牛血清白蛋白	0.5~2 mg/ml
贴壁和扩展因子	
纤维粘连蛋白	0.1 mg/ml
层粘连蛋白（LN）	0.1 mg/ml
冷析球蛋白	0.5~5 μg/ml
血清扩散因子	0.5~5 μg/ml
胎球蛋白	0.1~5 mg/ml
胶原和聚赖氨酸	包盖基质
微量元素和低分子量营养成分	
H_2SeO_3	10~100 nmol/L
$CdSO_4$	0.5 μmol/L
丁二胺	100 μmol/L
抗坏血酸	10 μg/L
α-生育酚	10 μg/L
维生素A	50 μg/L
亚麻油酸	3~5 μg/L

1. 激素和生长因子

很多细胞在进行无血清培养时都需加入激素,如胰岛素(Ins)、生长激素、胰高血糖素等。此外,甾体激素如孕酮、氢化可的松、雌二醇等也是无血清细胞培养时常用的补充因子。几乎所有的细胞系都需要 Ins,它是一种多肽,能与细胞上的 Ins 受体结合而形成复合物,调节和控制细胞内多种代谢途径,加强糖原、蛋白质、甘油三脂和 DNA 的合成。其原因可能是 Ins 中混杂着某些刺激细胞生长的物质和重要的微量元素,但也有细胞不加胰岛素也能生长。前列腺素 E1 和 E2 能刺激细胞生长,增加细胞环磷腺苷的水平。有些激素能调节细胞内某种物质的反应,如腐胺能促进细胞(B_{104})快速分裂,是因为激素能增加细胞内腐胺的合成或促进腐胺转入细胞内。生长因子是维持细胞生存和增殖所必需的物质。依照化学性质,生长因子可分为多肽生长因子和甾体生长因子。肽类生长因子分子量在 10000Da 左右,目前已鉴定约有数十余种,其中半数以上是近几年鉴定的。脊椎动物至少有 30 种细胞类型(神经、肝、肾、支气管等),每类估计有 2~3 种生长因子,对其正常生存和增殖起着调节作用。因此,估计机体中约有 100 种生长因子。按结构和功能,生长因子又可分为表皮生长因子(EGF)、神经生长因子(NGF)、成纤维细胞生长因子(FGF)等。生长因子是有效的促有丝分裂原,能缩短细胞倍增时间。

2. 结合蛋白

结合蛋白有两种:一种是转铁蛋白(TF),能增强细胞摄取和利用培养液中的铁,还可结合毒性金属离子,但不同细胞需要量不同。有人认为 TF 中混杂有激素,也足以刺激细胞生长。另一种是白蛋白,它与脂类、金属、激素等结合后,具有刺激细胞增殖的作用。

3. 贴壁因子(生长基质)

绝大多数真核细胞在体外生长时需要固着于适当的基底,帮助细胞固着贴附的物质叫贴壁因子或胞外基质。贴壁因子是带正电荷糖蛋白或二价阳离子物质,它与细胞表面带负电荷的氨基酸残基静电结合,使细胞贴壁和扩展。生长基质常用在组织块粘贴培养和原代难贴壁细胞接种培养。靶细胞对贴壁因子的选用参阅表 2-7。体外培养细胞常在粘着斑(Adhension Plaque)或其近旁发现纤维粘连蛋白(Fibronectin, FN),此处质膜下正是纽带蛋白(Vinculin)及 α-辅助肌动蛋白(α-actin)存在的部位。肌动蛋白丝借助这两种蛋白质附着于质膜的内表面。FN 又与非胶原糖蛋白相连。膜上 FN 受体将细胞外基质 FN 与细胞内肌动蛋白丝相连(见图 2-15)。这样,胞外基质、细胞膜受体及细胞内某些分子的直接或间接作用,共同形成细胞结构和功能的统一体,成为控制细胞形态、功能、生长、分化以及某些其他性质(如影响质膜中蛋白质的组织等)的重要因素之一。体外培养的神经元存活及分化主要决定于所提供的细胞外基质;肌细胞分化，肝细胞和乳腺细胞的形态、代谢，肿瘤细胞的转移过程等都与细胞外基质有关。

表 2-7 贴壁扩展因子与靶细胞

因　子	来　源	靶 细 胞	推荐涂抹浓度
胶原 I 型	鼠尾	大多数正常或转化的哺乳类细胞，如成纤维、肝细胞、肺细胞、内皮细胞、神经细胞、成骨细胞等	5~10 μg/cm²
胶原 I 型	牛皮肤	同上，原代上皮细胞最适用	5~10 μg/cm²
胶原 IV（Matrige）	鼠 EHS 肉瘤细胞株	肌细胞、神经细胞	5~10 μg/cm²
纤粘素（Fibronectin）	人、牛、鼠血浆	上皮细胞、肌细胞、神经细胞、肉瘤细胞、成纤维细胞、间充质细胞	1~5 μg/cm²
层粘素（Matrige）	鼠 EHS 肉瘤细胞株	上皮细胞、内皮细胞、肌细胞、神经细胞、肝细胞	1~2 μg/cm²
明胶	牛、猪皮肤	很多细胞类型	100~200 μg/cm²
多聚赖氨酸	合成	很多细胞类型	2.5~5 μg/cm²

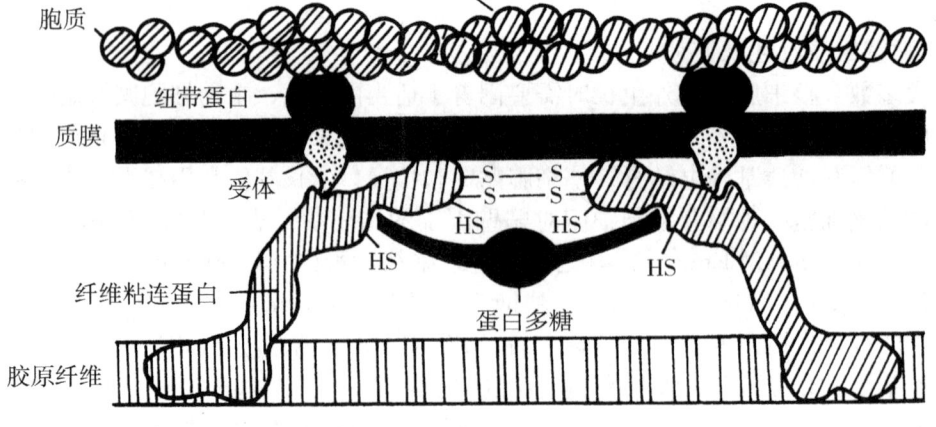

图 2-15　纤维粘连蛋白在粘着斑处与其他蛋白质的关系

常用贴壁因子贮存液的配制方法如下：
（1）纤维连结素：用 1 mol/L 尿素 PBS 配制成 1 mg/ml 母液，-20℃保存。
（2）多聚赖氨酸（poly-D-lysine）：分子量 300000Da，贮存浓度为 1 mg/ml（用 D-Hanks 液或 PBS 配制）。4℃保存，不能冻存。
（3）胶原（Collagens）：贮存浓度为 1~3 mg/ml，溶解在 PBS 或 0.1 mol/L 盐酸或 0.1 mol/L 醋酸液中。

贴壁因子的使用方法如下：
（1）选择适宜的贴壁因子。
（2）将贴壁因子贮存液用三蒸水或 PBS 或 D-Hanks 液稀释成 0.1 mg/ml 工作液，滤过除菌。
（3）工作液按 50 μl/cm^2 涂布培养器皿的细胞生长面。
（4）室温静置 5 min（胶原基质延长 24 h）。
（5）除去多余液体。
（6）涂布面用灭菌三蒸水洗涤后，经细胞培养基浸泡过渡，4℃保存，一周内使用。

此外，0.03% 明胶（用 HBSS 配制）是内皮细胞常用的促贴壁物质。明胶玻片（皿、瓶）空气干燥，4℃保存，一周内使用。

4. 微量元素

微量元素对细胞长期传代的作用，是 1981 年由 Murakam 首先报导的。硒元素具有抗过氧化物酶对细胞的毒副作用，另外硒还可增强其他因子作用，促进细胞生长。1983 年，Clereand 用一组复杂的微量元素，使 8 株杂交瘤细胞生长繁殖，这表明无血清培养液中补加的激素和生长因子作用，可能与这些物质内混杂一些重要的微量元素有关。

此外，实验证实，长期用无血清细胞培养基培养细胞会改变细胞的某些特性。这是因为细胞传代时仍需借助酶作用，无血清培养基缺乏对细胞的保护，残余的酶对细胞损伤是十分严重的，因此无血清培养基内必须添加酶的抑制剂，以中止残余酶的作用。目前常用的酶抑制剂是大豆胰酶抑制剂（Soybean Trypsin Inhibitor），使用浓度为 0.1%~0.5%，滤过除菌后，将其加在 DMEM/F$_{12}$ 基础培养液内。

目前无血清细胞培养基仍处在研究阶段，尚无固定配方，应根据不同的细胞要求选择合适的补充因子。

（三）无血清培养液培养哺乳动物细胞系（株）的特点

（1）无血清培养液对细胞系生长的补加物都是独特的。适用某个细胞株的培养液，可能不适合另一个细胞株的生长。

（2）同源组织的不同细胞株所需激素也不同。如人乳腺癌 MCF-7 和 ZR-75-1 两株细胞，所需转铁蛋白（TF）的量前者大 25 倍，所需 Ins 的量后者大 30 倍。

（3）同一种细胞使用的基础营养液不同，所需激素也不同。如 HeLa 细胞 F_{12} 液培养时，需添加 Ins，TF，EGF，FGF 和氢化考的松五种激素成分，而在 HMCDB105 液培养时，只需添加 TF 和 EGF 两种成分。

（4）不同来源的细胞株需要不同的激素和生长因子。如 MCF-7 细胞最需要 EGF，HeLa 细胞最需要氢化考的松和 FGF。

七、消化液

（一）胰蛋白酶液

胰蛋白酶（Trypsin）是一种黄白色粉末，来自牛或猪的胰脏。当其水解蛋白质时，作用于与赖氨酸或精氨酸相连接的肽腱，细胞间粘蛋白及糖蛋白被除去，影响细胞骨架，使细胞分离。胰蛋白酶的活力用解离酪蛋白质的能力来表示，常用的有 1:125 和 1:250 两种，即 1 份胰蛋白酶能解离 125 份或 250 份酪蛋白。胰蛋白酶适于消化细胞间质较少的软组织使用。胰蛋白酶对细胞的分离作用与细胞的类型和细胞的性质有密切关系。不同的细胞对胰蛋白酶液的浓度、温度和作用时间等要求也不一样。一般来说，浓度大、温度高、作用时间越长，对细胞的分离能力也越大，但超过一定限度就会损伤细胞。常用的胰蛋白酶液的浓度是 0.25% 和 0.125%，作用温度是 37℃ 或室温，pH 7.4 左右。许多学者认为 Ca^{2+}，Mg^{2+} 和血清的存在都会降低胰蛋白酶的活力。为使胰蛋白酶达到松弛细胞间连接和深入至单层细胞基底面及外侧面，细胞在进行胰蛋白酶液处理前，先用无 Ca^{2+}，Mg^{2+} 的 D-Hanks 液洗涤，去除培养液剩留的血清、钙及镁离子；再用 D-Hanks 液配制的胰蛋白酶液消化细胞，细胞一旦分散，即用血清培养液终止胰蛋白酶对细胞的继续消化作用。

胰蛋白酶液的配制方法如下：

（1）按实验需要称取酶粉，用少量 D-Hanks 液将胰蛋白酶粉调成糊状。

（2）加适量 D-Hanks 液（橙红色），低速磁力搅拌（室温和 4℃ 间断进行，室温高于 30℃ 时要减少酶液在室温中的搅拌时间）至酶液溶解。

（3）溶解后的酶液（深红色），滤过除菌，小瓶分装，-20℃ 冻存。

（二）EDTA（二乙胺四乙酸二钠）液

EDTA·2Na 是一种化学螯合剂（商品名为 Vorson），它对传代细胞有一定的解离作用，并且毒性小，使用方便。常用 D-Hanks 液配成 0.02% 工作液，经高压灭菌后使用。EDTA 的作用原理为：一些组织细胞尤其是上皮组织细胞在生长过程中需 Ca^{2+} 和 Mg^{2+} 参与细胞间连接，维持组织的完整性，EDTA 从细胞生存环境中夺取 Ca^{2+} 和 Mg^{2+}，并与这些离子形成螯合物，从而使细胞分离。因此，胰蛋白酶和 EDTA 混合使用可提高消化效率。EDTA 不可与胶原酶联用，因胶原酶的消化作用依赖于 Ca^{2+}。EDTA 可损伤线粒体，它与核蛋白中的钙、镁离子结合，破坏核蛋白结构。细胞长期处于无钙环境，钾离子浓度降低，细胞呼吸减弱。EDTA 作用不受血清抑制，故消化后需彻底漂洗，否则会影响细胞生长。

（三）胶原酶液

胶原是细胞间质的主要成分，天然三股螺旋构象的胶原在生理温度和 pH 下，不能被任何蛋白酶水解，而只能被胶原酶（Collagenase）降解。胶原降解后，可进一步被其他蛋白酶降解。目前从不同组织分离的胶原酶有 20 多种，作用天然胶原分子的羧基端 1/4 处，水解甘氨酸-异亮氨酸或甘氨酸-亮氨酸之间的肽键。不同批号或同一批号不同生产日期的胶原酶，其质量都有差异。目前国内多数实验室使用的胶原酶，大多是从芽孢杆菌中提取出来的。溶组织梭状芽孢杆菌胶原酶中含羧菌肽酶（0.57~0.59 u/mg），具有较强的细胞毒性，能破坏细胞膜上的蛋白多肽，从而导致细胞膜通透性的改变，因此用它消化组织时，应采取多步收集法（20~30 min/次），这样才可获得完整细胞膜和最大活细胞收率。胶原酶在 Ca^{2+} 和 Mg^{2+} 存在下仍有活性，血清亦不能抑制其活性，故消化后应充分漂洗。不同来源的胶原酶对于不同类型的胶原具有强弱不等作用。

胶原酶液的配制方法如下：胶原酶用基础营养液配制。常用剂量为 200 u/ml 或 0.1~0.3 mg/ml。胶原酶粉用基础营养液调成糊状，液体加至定量后，磁场搅拌至基本溶解。滤过除菌，按 1 次用量分装，-20℃冻存。

此外还有链霉蛋白酶（Pronase，酶活性不能被血清终止，适合消化道粘膜细胞、kupffer 细胞等分离）、透明质酸酶（Hyaluroninase，作用细胞外基质透明质酸）、DNA 酶（Deoxyribonuclease DNase，作用破碎细胞释放的 DNA，酶活性可被 Mg^{2+} 和 Ca^{2+} 活化）、中性蛋白酶（Dispase，用于上皮细胞分离）等。这些酶价格昂贵，只在获取某类特殊细胞的情况下使用。由于酶作用的特异性，单一酶水解蛋白的能力受限。采用混合酶作消化剂，如利用 DNA 酶和胰蛋白酶分离小鼠胚胎成纤维细胞，利用胶原酶、透明质酸酶、胰蛋白酶分离大鼠心室细胞，效果都很好。

八、稳定剂

从组织游离下来的单个细胞易发生聚合或粘附瓶壁，因此在组织消化过程中加入一些大分子物质，使其包围在游离细胞周围，避免酶继续消化细胞。常用的试剂有 4 mg/ml 牛血清白蛋白（BSA），0.05% 明胶，1%~10% 聚乙烯吡咯烷酮。

九、蛋白酶抑制剂

蛋白酶分离组织细胞时，因酶与蛋白结合牢固，难以通过洗涤去除蛋白酶，这样游离细胞接种后可能继续被消化，造成细胞损伤。自然界中蛋白酶抑制剂的种类很多，广泛存在于动植物中。目前实验中最常用的蛋白酶抑制剂是牛血清。牛血清含多种蛋白酶抑制剂，但不能终止胶原酶作用。大豆胰蛋白酶抑制剂可抑制胰蛋白酶和 α-糜蛋白酶水解，但不能抑制胶原酶作用。

组织分离细胞的过程中，选择合适的蛋白酶与酶相匹配的抑制剂是获得高产量、高活率细胞的重要环节。

十、pH 调整液

$NaHCO_3$ 溶液：常用的浓度有 7.4% 和 5.6%。配制时用 37℃ 三蒸水溶解后通过滤膜过滤除菌，分装，4℃保存。使用时 $NaHCO_3$ 液要逐滴加入，并不时搅动培养液，以防 pH 过高。

10% 醋酸液：高压灭菌，分装，4℃ 冰箱保存。使用方法和要求同 $NaHCO_3$ 液。

Hepes 液：Hepes [4-(2-hydroxyethyl), -1-peperazineethane sulphonic acid] 是一种非离子缓冲剂，它可以较长时间保持较强的缓冲作用，控制恒定的 pH 值。20 mmol/L 浓度的 Hepes 液对细胞无毒性，适合多数细胞使用。使用时把 Hepes 液直接加入到待配制的营养液中，一起滤过除菌。

十一、20 mmol/L L-谷氨酰胺

L-谷氨酰胺 2.9222 g（W=146.15），加适量 50℃ HBSS 溶解，补水至 100 ml，滤过除菌，1 ml/管，-20℃ 保存。使用时 100 ml 培养基中加 1 ml 谷氨酰胺。

十二、抗菌素液

在组织培养工作中,培养液内需加适量抗菌素,以抑制可能存在的细菌和霉菌的生长,而不影响细胞的生长。通常是青霉素和链霉素联合使用。在特殊情况下,选择哪一种抗菌素、剂量多少、何时加入等等,与污染源、抗菌素的抗菌范围、抗菌素的稳定性等有密切关系。

(一) 青霉素、链霉素(双抗)液

10 ml Hanks 液或三蒸水溶解 1.0×10^6 μg/瓶的硫酸链霉素,取 8 ml 硫酸链霉素液溶解 8.0×10^5 u/瓶的青霉素粉,即成青霉素、链霉素各 1.0×10^5 u/ml 的母液。使用时,100 ml 培养基内加母液 0.1 ml,这样培养基内青霉素、链霉素最终使用浓度为各 100 u/ml。

(二) 卡那霉素

将 1 瓶卡那霉素(5.0×10^4 μg/瓶),溶于 5 ml Hanks 液中,即成 1.0×10^4 μg/ml 母液。使用时每 100 ml 培养基内加 0.5 ml 母液,最终使用浓度为 50 μg/ml。

(三) 制霉菌素

制霉菌素不能溶于水,故只能配制成 5000 u/ml 的悬液。使用时每 100 ml 培养基内加 0.5 ml 母液,最终使浓度为 25 u/ml。

注意:抗菌素液、抗霉菌液配制时无菌操作、分装。-20℃保存 3 个月。

注意事项

(1) 短期使用试剂 4℃保存,贮存试剂 -70 ~ -20℃保存。
(2) 酶、蛋白制品,购后 -20℃保存。

十三、细胞用液的分装方法和要求

(一) 实验器材的使用要领

为防止消毒物品的再污染,实验器材必须无菌操作。细胞用液瓶的打开、吸液、关闭等一切操作都要在超净台安全区进行。

1. 盐水瓶瓶塞的使用 (见图2-16)

上塞:瓶口消毒,右手拇指、食指塞进胶皮内,将塞旋入消毒瓶口内。瓶口再消毒,瓶直立火焰前方。双手拇指、中指固定瓶位,双手食指将胶皮外翻。最后用消毒纸包装。

去塞:瓶口消毒后,用消毒镊挑开胶皮。瓶口再消毒,胶塞旋松取出,瓶顺风斜放45℃支架。

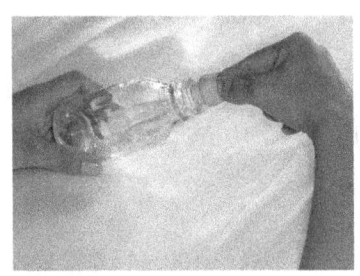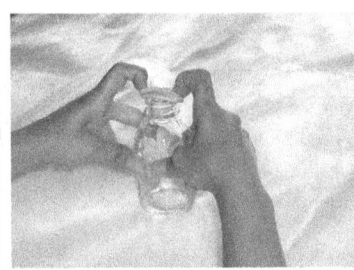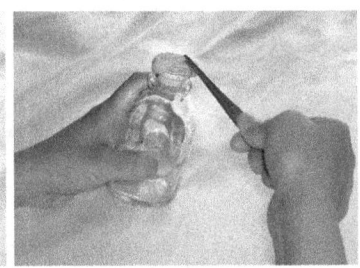

图2-16 盐水瓶瓶塞的使用

左图:胶塞旋入;中图:瓶位固定,胶皮外翻;右图:去塞

2. 青霉素瓶瓶塞的使用

用消毒的台镊取放瓶塞,注意瓶口火焰消毒。贮液瓶塞盖好,封口膜或胶布密封。

3. 吸管的使用

取管:右手松夹筒盖,左手水平抖动管筒,管头端暴露时取管,筒口消毒套盖。吸管套吸头后,火焰上方来回3次待用。

持管:如图2-17所示。

移液:吸液时管不碰瓶,每次移液量小于2 ml,管头留气柱。

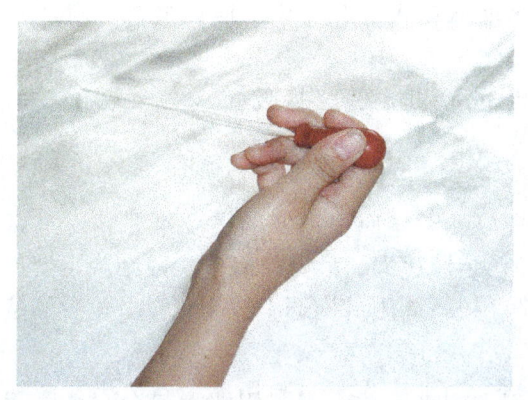 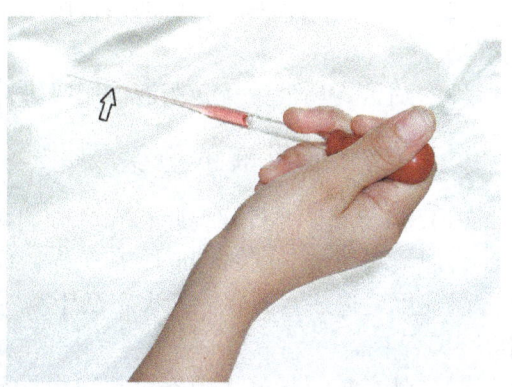

图 2-17 吸管的使用
左图：持管；右图：管头留气柱

注意事项

(1) 粗口径吸管套前，吸头先用湿酒精棉球沾湿。

(2) 饭盒存放的吸管，使用时将盒盖开一角，用火焰消毒的台镊将遮布掀起一角，吸管头端暴露，台镊再火焰消毒，将吸管取出。遮布复原，盒盖好。

4. 注射器的使用

安装：针栓、针筒消毒后在安全区套好。台镊消毒将针头固定，字面在上。针头放入消毒管内待用。

使用：瓶口消毒去塞，直立火焰前方，针头插入液面下，左手拿针筒，右手提针栓，缓慢吸出液体。排气和多余液体推入酒精棉球内。

5. 瓶管、盖的使用

盖的使用要求同塞。需使用同一盖时，盖使用面放在酒精棉球上。套盖前，盖使用面火焰消毒。

（二）无菌滤液分装

(1) 使用正压滤器时，采用边过滤边分装的方法。瓶口的液滴先用微湿酒精棉球吸液，再用干酒精棉球由里向外擦拭，最后，火焰消毒，加塞包装。

（2）使用负压滤器时，借助消毒吸管，将液体移入分装瓶内，瓶口液滴擦拭方法同（1）。

（3）血清、酶液少量无菌液体用吸管分装，分装时注意多换吸管。

（三）细胞用液的分装要求

（1）根据配量准备分装瓶和塞。分装瓶规格、数量应根据实验需要准备，这与每次、每周实验用量、试剂稳定性等有关。避免包装瓶过大、贮液时间过长或细胞用液反复冻融使用，造成营养成分损失和微生物污染。按一周用量挑选小包装瓶。融化后的液体置4℃保存。

（2）实验前，做好无菌室、超净台的清洁、消毒工作。实验用品清点入台，超净台启动，台紫外线消毒40 min。实验试剂恢复室温后，瓶口、瓶外壁酒精消毒入台。台面酒精消毒，点火，台镊消毒入酒精瓶。这样做好了实验准备。

（3）分装前，做好各瓶贮液量标记，瓶液量要小于瓶容积的2/3。牛血清等融化后注意摇匀。方法是：左手掌心托瓶，右手拿瓶口顺时针方向轻轻转动液体，避免用力过猛而使液体沾染瓶口和塞。

（4）抽滤分装时，尽量减少无菌室开门次数和非操作人员进入。严格无菌操作，尽量缩短试剂在空气中暴露的时间。

（5）比较各分装瓶液体的颜色。将液体颜色过浅的瓶弃去，此现象与瓶泡酸后冲洗不净有关（瓶内残留酸性物质）。分装多瓶时，最后几瓶可能出现颜色加深的现象，这是因为瓶口敞开时间过长，液体CO_2逃逸，pH值上升的缘故。颜色过深的液体用醋酸调节后使用。

（6）各试剂瓶标记名称、浓度、配制日期、组号。

（7）抽样（开始、中间、最后瓶）做无菌试验，37℃培养3 d。

思 考 题

1. 器材清洗、包装要领是什么？
2. 正压式除菌滤器的包装、使用有什么要求？
3. 国产针头滤器如何选购包装？
4. 自动双重纯水蒸馏器在使用中要注意哪些操作环节？
5. 湿热消毒时有哪些要求？
6. CO_2培养箱与供气瓶如何连接？5% CO_2进气压如何调节？
7. CO_2培养箱显示37℃ 5% CO_2，但多组细胞生长缓慢，培养颜色加深。针对上述现象，应进行哪些检查和操作？

8. 配制 RPMI-1640 营养液时，若将 $NaHCO_3$ 和 1640 粉一起搅拌溶解，这样操作是否正确？为什么？

9. 人工合成培养基中，小牛血清、抗菌素、BSS 等成分在细胞培养中的作用是什么？

10. 配制 100 ml 胰蛋白酶液，实验者准备了 10 个 10 ml 瓶和 2 支吸管，这样准备好了吗？

11. 超净台安全区在哪儿？瓶、管开口后如何摆放？实验者时刻牢记的操作要领是什么？

第三章 细胞培养基本技术

第一节 细胞原代培养

从供体获取组织细胞的首次培养叫原代细胞培养或初代细胞培养（Primary Culture）。原代细胞离体时间短，具有二倍体遗传性，在一定程度上能反映体内的生长特性，很适合作药物测试、细胞分化和转化等实验研究。在临床应用中，短期原代培养细胞的移植疗效明显高于未经培养的组织细胞。故体外培养的人体各部位细胞，尤其是上皮细胞，对于研究各种疾病的发生、发展及防治都具有重要意义。根据不同的实验目的、不同的实验材料，解离或分离细胞的方法和条件各有不同。一般常用方法有二：一是组织块培养法；二是单层细胞培养法。本书介绍的实验采用胰蛋白酶消化法，对初生乳鼠肺组织进行原代培养。

一、乳鼠肺组织原代培养程序

（一）取材

将 1~3 d 新生乳鼠断髓后，将尾巴提起，鼠身浸入 75% 酒精的烧杯中旋转 3 s 左右（默数 5 下），取出放在灭菌的培养皿中，移入工作台内。小鼠仰位固定在泡沫塑料板上，大头针分别固定鼠头、尾和四肢。碘酒、75% 酒精消毒胸廓部位皮肤。在胸廓正中线中位处，用两把眼科弯镊（第 I 套器械）夹起皮肤（多夹些），向左右两侧头端撕拉，膈肌部位皮肤向尾端拉，皮肤外翻固定，躯干部肌肉暴露（注意：不要使表皮面接触胸腹肌）。酒精消毒胸廓后，沿着膈膜剪断胸廓，并将胸骨两侧肋骨剪断（第 II 套器械）。胸廓暴露后，可见跳动心脏和粉红色肺。将眼科镊弯头端向上（第 III 套器械），从心脏右上方位插入心肺连接处，轻轻向上用力，将心肺一齐取出，用镊子去除心脏，移入已加 Hanks 液的青霉素瓶内。

（二）漂洗

用 Hanks 液漂洗肺脏表面血污，然后粗剪几下，再用 Hanks 液漂洗多次后，吸去多余液体。

（三）剪切

组织小块置青霉素瓶一角，眼科直剪用力反复剪切组织块成 1 mm^3 大小，此过程需 20~30 分钟。

（四）消化

消化条件的选择与组织大小、组织的硬度、消化酶浓度和种类、实验温度、pH 值等有关。消化酶浓度范围为 0.25%~0.5%，pH 7.4~8.0，所使用消化液的量是被消化物的 5~10 倍。通过预实验，确定最佳消化条件。消化过程如下：

1. **单细胞悬液的收集培养**

（1）用 Hanks 液将剪刀面组织小块和细胞冲入青霉素瓶内，补加 Hanks 液至 5 ml 左右，反复吹打混匀后，青霉素瓶倾斜在支架上，组织碎块沉淀集中在瓶一角（1 min 左右）。

（2）用带 4 号针头注射器吸取单细胞悬液，并将其移入离心管 I 中。离心管 I 中补加 Hanks 液至 10 ml，轻轻吹打混匀后，离心管直立静置 30 min，吸去近管口 5 ml 红色液体（镜下可见大量红细胞）后，700 rpm 离心 7 min，沉淀细胞作原代培养。此法获取的乳鼠单细胞悬液，原代培养成功率为 11%。

2. **小组织块细胞的消化分离**

（1）青霉素瓶内小组织块用 Hanks 液移入离心管 II 中，500~800 rpm 离心 7 min。

（2）用吸管去除上清液，加入沉淀量的 5~8 倍 0.25% 胰蛋白酶液，混匀后加入磁棒并套好离心管盖。离心管 II 放入电磁搅拌器（100 rpm）37℃水浴杯内。随消化时间的增加，组织块颜色逐渐变白，分离细胞逐渐增多，消化液混浊，消化 20 min 时取出离心管 II。消化合适时，常见消化液中有一团松散的白色絮状物（这是因为刚分离单细胞的膜表面有粘性，磁力搅拌作用使它们相互松散地结合在一起），或消化液呈白色或橙黄色均匀浑浊物。

37℃热消化法对分离的单个细胞损伤较大，而不同种类的上皮组织以不同浓度的冷胰蛋白酶处理常可获得较理想的单细胞产物。如将 pH 6.8 的 0.05% 胰蛋白酶液与 0.05% EDTA 液混合，4℃处理皮肤、鼻咽部等上皮组织 5~10 h 或过夜，能获得较理想的单细胞悬液制备物。

（五）制备消化细胞悬液

（1）离心管外壁和管口处经酒精消毒后进入超净台内。管口火焰消毒，Hanks 液加至 10 ml。

（2）用吸管细头段反复轻轻吹打松散组织，当其能顺利地通过吸管口时，表示消化合适，悬液中有较多分散的单细胞和少量小细胞团。

（3）离心管直立静置片刻，少量未消化的组织块自然沉降（可加消化液再消化）。将细胞悬液移至离心管Ⅲ（管内先加 1 ml 血清细胞培养基）中，补加 Hanks 液至 10 ml，细胞混匀后低速离心（速度、时间同前）。

（六）计数接种

离心管Ⅲ去上清液后，加 2 ml 细胞培养液，细胞混匀计数和活率测定（参阅第三章第四节），调整细胞浓度为 5.0×10^5/ml。

在培养瓶的侧面做好标记：培养物的名称、组号和日期。接种时，25 ml 培养瓶中先加入 1.5 ml 培养液，再接种 1 ml 细胞悬液，吸管头轻轻混匀，加瓶盖。移入 37℃ 5% CO_2 温箱中培养。

注意：每瓶培养液高度要低于 5 mm。常用高度为 2.5~3.0 mm（见图 3-1）。

目前文献中细胞接种常用细胞数/cm^2 表示。如 25 ml 培养瓶需接种 7.5×10^5 个鼠肺细胞。25 ml 培养瓶培养面积为 12.5 cm^2，折算细胞接种数为 6×10^4 个细胞/cm^2。

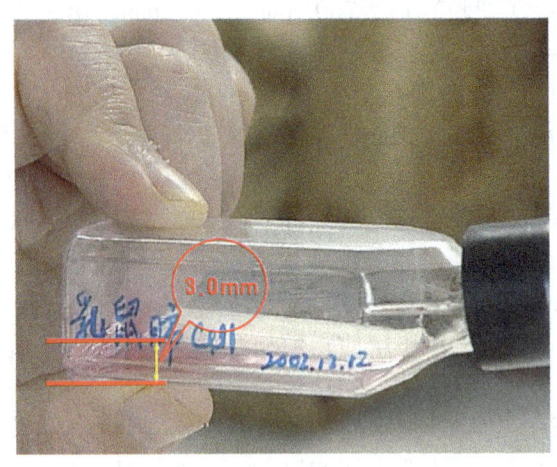

图 3-1 培养液高度
(2.5~3.0 mm)

二、原代细胞实验操作要领

（一）原代细胞混匀的操作要领

（1）吸管火焰消毒，用 Hanks 液冷却和湿润管内壁（这是因为刚分离的组织细胞易粘在管壁上）。

（2）吸管头插入管底。

（3）拇指压吸头边（见图 3-2）反复轻轻吹打细胞。

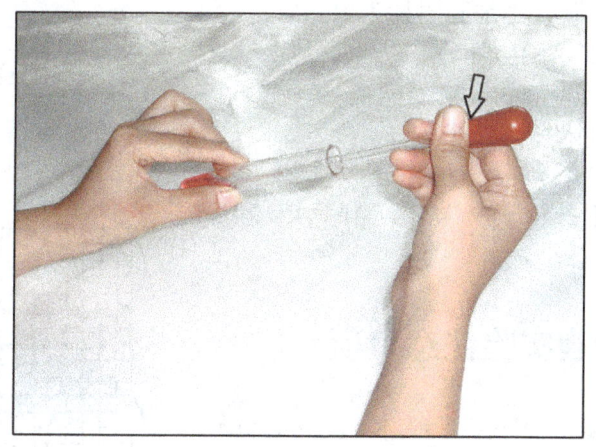

图 3-2　原代细胞混匀
拇指压吸头边

（二）器械使用的操作要领

（1）用工作台消毒镊子取浸泡在酒精中消毒的器械。
（2）器械置无菌干纱布内擦一下，迅速通过火焰，冷却后使用。
（3）用过的器械置另一加盖的酒精器皿中再消毒。
（4）再消毒的器械按浸泡消毒的前后顺序使用。
（5）各套消毒器械不可混用。

（三）除去组织块多余水分的操作要领

用吸管头将组织块细胞推向青霉素瓶一角，然后将有组织块的瓶面翻向上方，吸去流向对侧的多余水分。

注意：组织块剪切时，水分过多则剪切不细，消化后细胞悬液清亮（细胞数少），并可见消化液中有线性絮状物漂浮。

（四）细胞计数的操作要领

（1）用吸管混匀待计数的细胞悬液。

（2）将一小滴细胞悬液从盖玻片与载玻片交界部位滴入细胞计数池中。

（3）沉降1 min，低倍镜下数出血球计数板四大中格中结构完整的细胞，小细胞团计为1。

（4）计数时，如果细胞压在格边上，则数上不数下，数左不数右（见图3-3）。然后按下式计算出每毫升悬液中的细胞数：

（四大中格细胞数/4）×10000 注 = 细胞数/ml

注意：细胞计数板上，每一中格体积为 $0.1\ mm^3$。

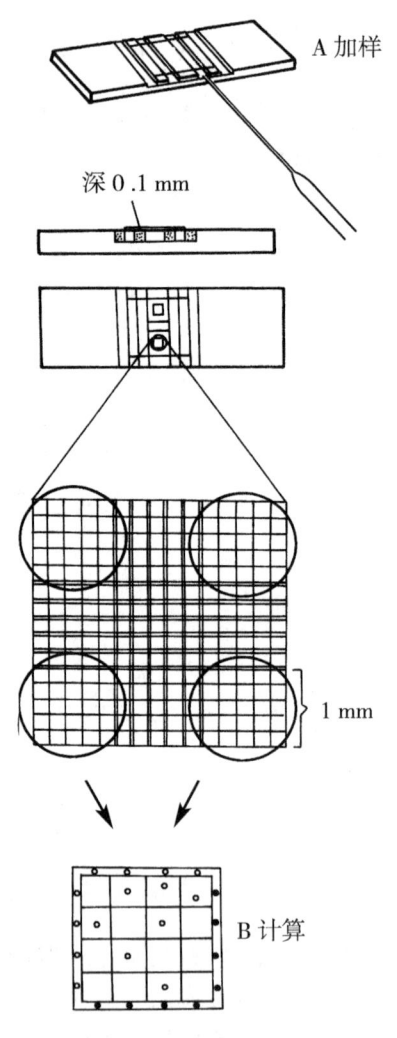

图3-3 细胞计数

三、原代细胞实验注意事项

（1）原代实验操作程序多，台上、台下走动多，实验时间长，操作不良时，容易污染。操作要求，除上文已强调外，必须注意下列几点：①皮肤严格消毒。新生动物皮肤先用2%碘酊消毒，成年鼠用3%~5%碘酊消毒后再用75%酒精消毒。②三套器械取材。③严格无菌操作，防止细菌、霉菌、支原体污染，避免化学物质污染。④吸取液体前，瓶口和吸管应行火焰消毒。吸液体时，避免两者碰撞。吸液后及时关闭瓶口。⑤离心管入台前，做好管口、管壁的消毒。⑥实验者离开超净台时，要随即用肘部关闭工作窗。⑦用后的器械用酒精棉球擦去血污，泡入另一个皿中。器械浸泡时剪刀口要叉开放，镊子弯头要向下放，皿加盖继续消毒。

（2）器材使用时既要注意消毒，又要防止烫伤、烫死细胞。火焰消毒的吸管一定要冷却后使用。

(3) 超净台内温度、湿度较大，夏天工作台内散热慢，细胞悬液混匀、接种时离火焰要稍远些。

四、原代细胞实验取材

从理论上讲，人和动物体内的组织细胞都可以在体外进行培养，但其成功率与组织类型、分化程度、供体的年龄、原代培养方法实验者的操作水平等有直接关系。

（一）取材准备

(1) 灭菌的眼科剪、镊、手术刀。
(2) 装有 200~500 u/ml 青霉素、链霉素的 Hanks 液小瓶。
(3) 消毒瓶塞（盖）。
(4) 小酒精灯、火柴等。

上述物品一起装入手术器械盒中或饭盒中。人体活检（或手术）标本取材要无菌操作。取后立即带回实验室，去除血污、脂肪和纤维结缔组织后，最好立即进行细胞分离培养。如因故不能立即培养时，应把组织块切成小块，置4℃培养液中保存，保存时间不超过 6 h。放置时间过长或组织块过大，细胞容易坏死。如手术标本在 200 mg 以上，取回后可将其浸入 75% 酒精中 30~60 s，这样可减少表面污染又不损伤内部组织结构和影响细胞存活。不要用纱布包裹标本，因纤维易粘附在标本上。

（二）人体肿瘤标本取材

人体肿瘤组织的主要来源是外科手术标本或活检组织。体积较大的瘤体中央多有坏死或变性，取材时应尽量取外层的新鲜组织。这种组织外观上一般较明亮，呈新鲜鱼肉状。有转移的淋巴结、胸腹水是较好培养材料。

带菌瘤块的处理方法如下：为减少培养时出现污染，尤其是开放器官的肿瘤组织，如食管癌、胃癌、肠癌、子宫颈癌和皮肤癌等，在进行培养前，用含 500~1000 u/ml 青霉素、链霉素的 PBS 洗涤 5~10 min。笔者所在实验室大肠癌标本的处理方法如下：实验前准备大量棉拭子和 4 个培养皿。标本经置 200 u/ml 双抗 BSS 带回，置 500~1000 双抗 BSS 中浸泡 10 min 后，移入培养皿半个盖中，用 500~1000 u/ml 双抗 BSS 冲洗污染面，灭菌棉拭子擦干冲洗面，以后重复操作 7 次。最后用 200 u/ml 双抗 BSS 洗 2 次，进行组织分离培养。

(三) 成年鼠标本取材

鼠为哺乳动物，组织培养中常取鼠组织做实验材料，取材亦方便。但鼠毛中隐藏了许多微生物，且不易消毒。用下法处理鼠效果甚好：如图 3-4 所示，用颈椎骨脱位法（断髓法）处死动物，即一手捏住鼠颈，另一手捏住鼠尾，分别向两端牵拉，直至拉死为止（取脑和脊髓组织不用此法）。然后手提鼠尾，鼠身浸入75%酒精或新洁尔灭液的烧杯中旋转 1~2 min，用灭菌培养皿、磁盘装好后带入工作台内，这样操作既防止鼠皮毛中脏物飞扬，污染空气，又使皮毛获得消毒。接着在动物躯干中部用剪刀环型剪开皮肤，再用止血钳将分开的两侧皮肤向鼠头尾两端拉，皮肤将动物反包起来。将躯干部肌肉暴露的鼠移入另外一个消毒皿中。鼠固定后，躯干部肌内经2%碘酊、75%酒精消毒，进行取材。

鼠胚组织取材的操作程序如下：

(1) 打开母鼠腹腔后，将双角形孕子宫取出（图 3-4 中只画一个，操作时注意不要刺破子宫和羊膜），放入盛有4℃ Hanks 液的消毒皿中。消毒皿置4℃冰浴上。

(2) 逐个取出鼠胚，将取出的胚胎固定，加1滴 Hanks 液湿润皮肤，剖腹取出组织。此法应尽量保持胚胎赖以生存的外环境——羊水，减少外界刺激对组织细胞的损伤，从而提高细胞活力和原代细胞生存的时间。12~14 d 鼠胚脊髓用此法取材结合其他的操作工艺，每条脊髓可获得 $(3.5~6) \times 10^6$ 个脊髓运动神经元，细胞在不同时间（0，4，18，48 h）种植，细胞活力均在98%以上。

(四) 腹水瘤标本取材

取材前需准备 10~20 u/ml 肝素或1%枸橼酸钠溶液（1/10 腹水量）抗凝剂。进针时，针头从脐孔侧位或近腹股沟处慢慢刺入（参阅附录二），先皮下后腹腔（低于脐孔易刺破胆囊），深度不超过6 mm，过深易刺破内脏和大血管，然后慢慢抽取。一般接种 5~7 d 的肿瘤细胞生长最好，腹水又以乳白色为佳，此时细胞处于活跃的增生阶段。

(五) 人皮肤标本取材

(1) 取材：皮肤标本常从手术取材。特殊个体可用外科断层皮片手术法取 2~3 cm² 大小的皮片（局部不会留疤痕）。取材时，用75%酒精消毒两次（注意：勿用碘酊消毒）。

(2) 表皮层和真皮层分离：标本用 D-Hanks 液冲洗 8~10 遍，中间更换器材、培养皿两次。再切成3 mm²大小块，用冷 D-Hanks 液漂洗 2~3 后，组织块置4℃中性蛋白酶消化液中浸泡 15~48 h（容器直径 10 cm 的培养皿内，加 10~15 ml 消化液，可浸

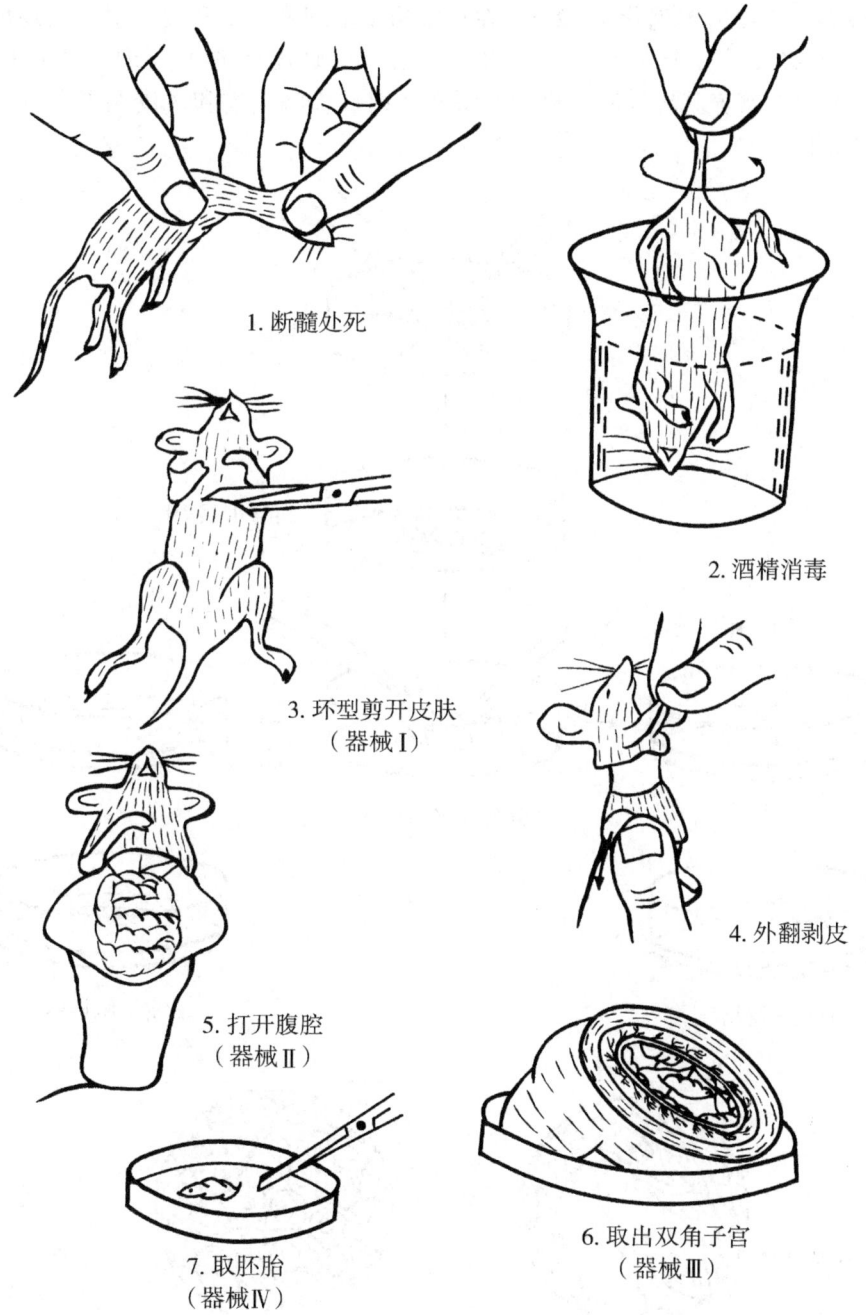

图3-4 取鼠胚组织

泡组织块 8 块）。或 37℃消化 1~2 h，在标本边缘出现真皮层和表皮层分离现象时，停止消化。标本移入另一个培养皿中，取表皮层时，真皮面向下（取真皮层时，则相反），用血清完全培养基冲洗后，再用弯镊和注射针头将表皮和真皮两者分开。两者分开的操作见图 3-5。

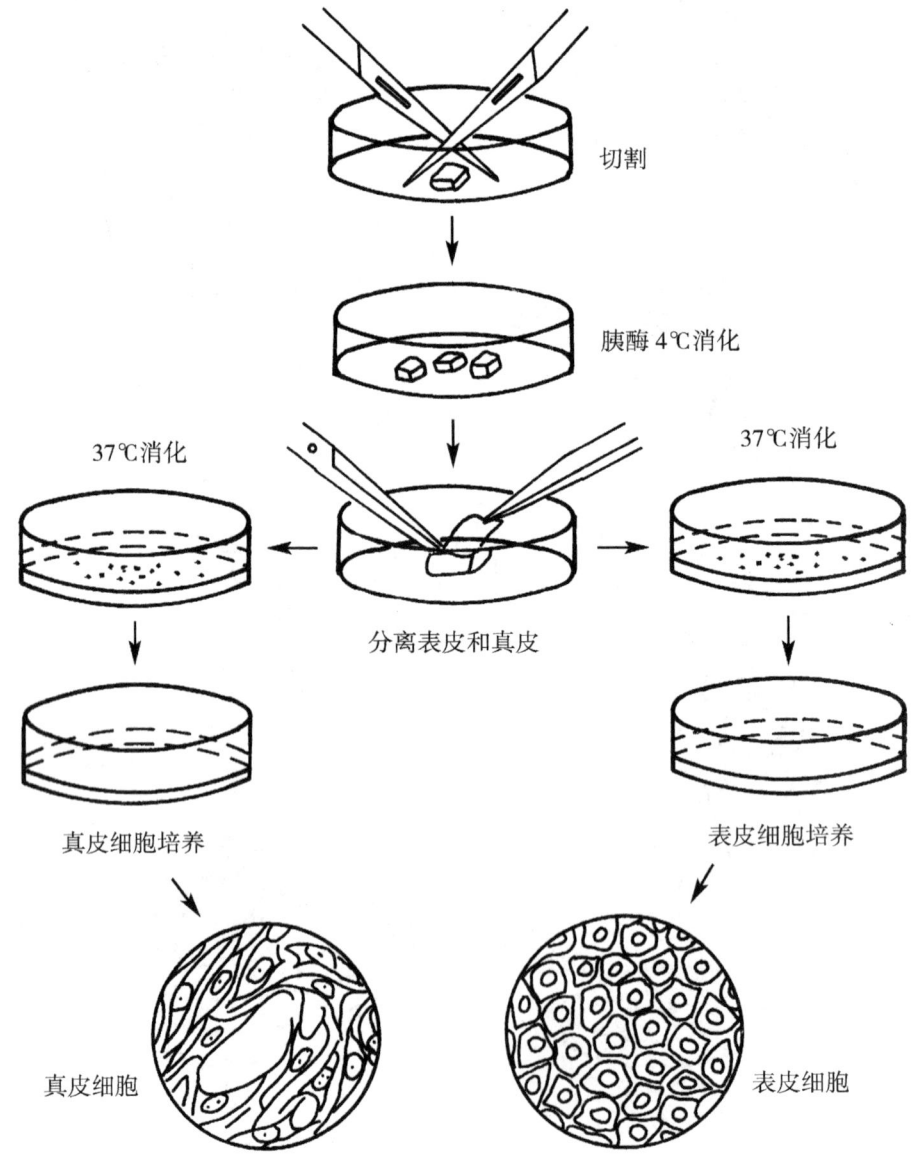

图 3-5　表皮（真皮）细胞培养

(3) 分离的皮层经剪切、胰蛋白酶消化和吸管头反复吹打,制成单细胞悬液,收集经 100 μm 筛孔过滤的细胞。

(4) 表皮细胞悬液置角化上皮细胞无血清条件培养基中(补充转铁蛋白、谷氨酰胺、胰岛素等成分),37℃ 5% CO_2 培养箱静置培养。

(5) 以获取成纤维细胞为目的,将真皮层细胞分离后置血清培养基中培养。

(六) 原位灌注消化取材

用原位灌注消化法,从大鼠、狗、兔等动物获得肝细胞、胰腺细胞、肺细胞,产量高,活力强,细胞形态结构好。如从大鼠门静脉或下腔静脉插管,用无钙、镁缓冲液冲洗后,胶原酶消化,过筛网的肝细胞活力可达 96%。

五、原代细胞培养方法介绍

(一) 组织块培养法 (Tissue Culture)

将组织块剪切成小块,直接送入培养瓶(皿)中,贴附一段时间后,细胞从组织块长出,最终形成单层细胞。该法简便,适合真皮细胞、骨骼肌细胞的原代培养,更适合组织量少的牙髓细胞原代培养(用盖玻片条培养法)。现介绍组织块翻转干涸法培养,操作方法如下:

(1) 取材、修剪、漂洗、剪切操作方法同消化法。

(2) 剪切时为保持组织湿润,可以向组织块滴加 1~2 滴血清培养液。

(3) 剪切后加少量培养液至 1 mm^3 大小的组织小块中。

(4) 用吸管头将组织小块移入培养瓶(皿)中,块均匀摆置,块间距 0.3 cm 左右,25 ml 培养瓶以 20~30 块为宜,加塞。

(5) 轻轻翻转培养瓶,瓶接种面向下,37℃ 5% CO_2 培养箱培养。

(6) 当组织小块固化时,从瓶侧面加入培养液,再轻轻翻转培养瓶,使液体慢慢覆盖组织小块(见图 3-6)。继续静置培养,组织块周边生出新细胞。经 1~3 周,细胞长成单层时即可传代培养。组织块贴壁时间要灵活掌握,一般以 5~8 h 为宜。组织块贴壁时间与动物年龄有关,动物年龄越大,块固化时间越长。如新生大鼠血管平滑肌块 1~1.5 h 贴附,成年大鼠贴块需 4 h。癌组织和间质成分少的组织块贴壁时间以 3 h 为宜。

此外,还有利用湿润系统培养组织块(薄层培养液培养法)。剪切前,标本加 2 滴(吸管垂直操作)培养液。剪切后,块贴壁 10 min 时,再加 0.5 ml 培养液湿润组织块,37℃ 孵育过夜。次日从瓶侧面缓慢加入 2 ml 培养基。

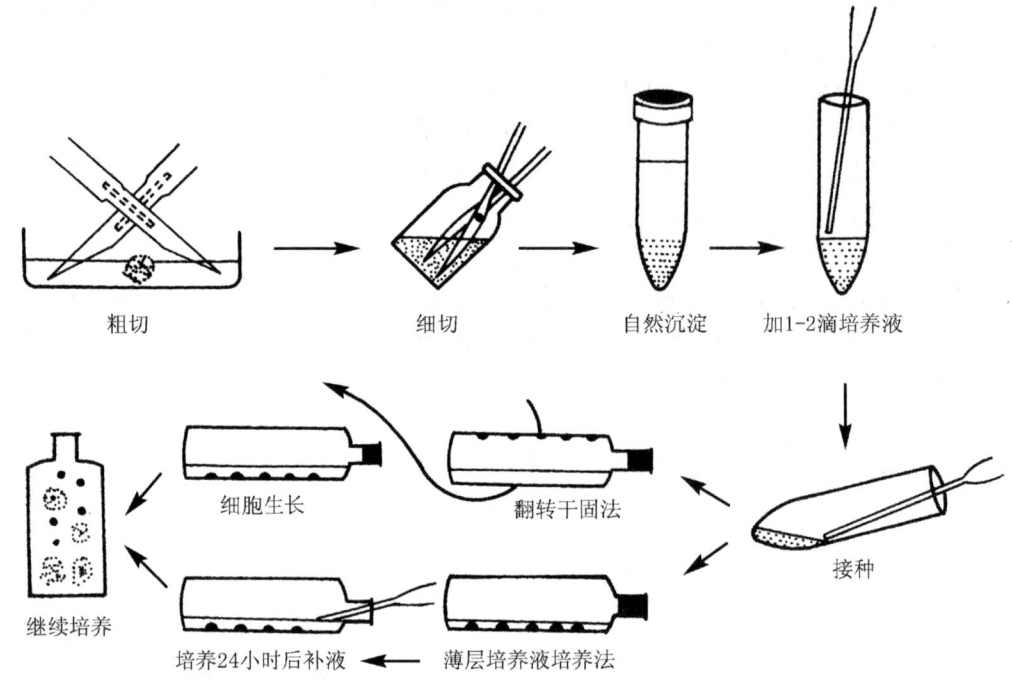

图3-6 组织块原代培养方法示意图

（二）单层细胞培养法（Monolayer Cell Culture）

体内各种组织均由众多细胞和纤维成分组成，体积大于 1 mm³ 的组织块置于培养瓶后，处于周边的少量细胞可能生存和生长，而大部分内在细胞可因营养物质穿透有限而代谢不良，且受纤维成分束缚而难以移出。为获取多量生长良好的细胞，必须把组织分散开，使细胞解离出来。目前分散组织的方法有机械和化学两种，根据组织种类和培养要求，选择适宜方法。

1. 消化分散法

采用低浓度胰蛋白酶或胶原酶，对剪切 1 mm³ 大小的组织块进行多次消化，使组织块细胞分离。分离的细胞悬液，经计数、稀释、接种后，置 37℃ 5% CO_2 培养箱培养。此法获得的单细胞较多，细胞易于生长。胚胎细胞、新生动物原代细胞培养 4~7 d，最迟 10 d 形成单层细胞。

2. 机械分散法

如图3-7所示，软组织如胸腺、脾脏、胚胎，间质成分少的肿瘤如胶质瘤、骨巨细胞瘤等，适合用此法分散。

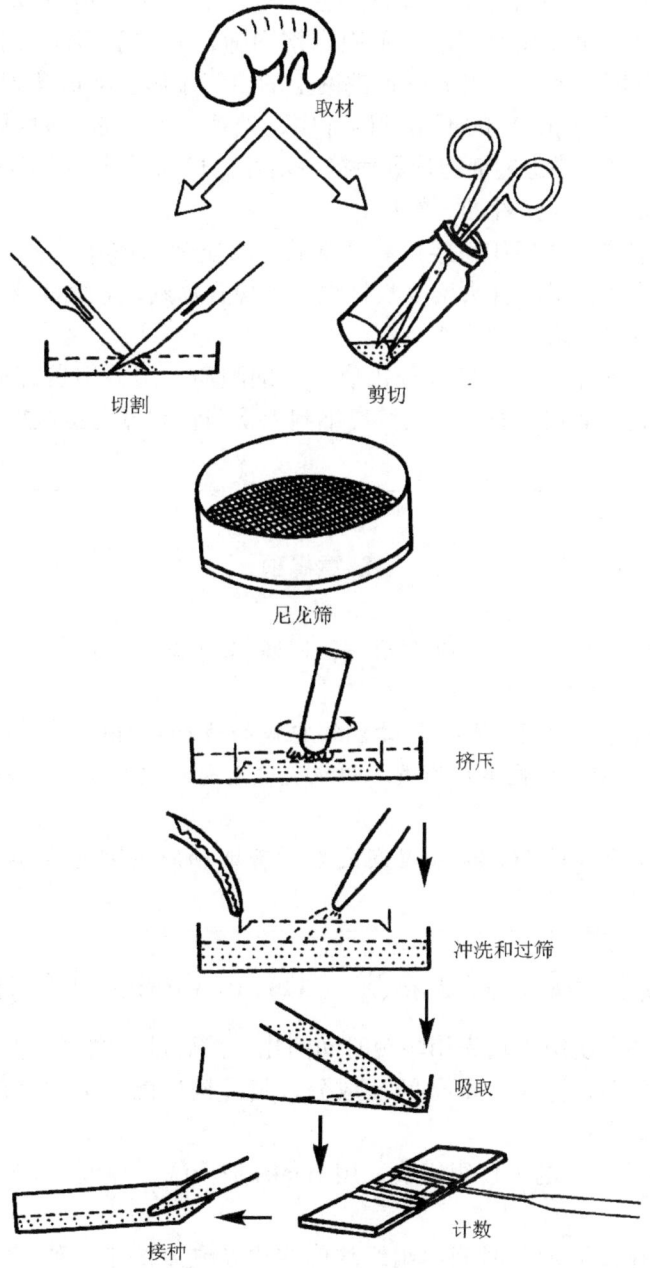

图 3-7 挤压过塞法分散组织图解

(1) 针栓挤压过网法。①组织块经修剪漂洗后,粗剪成 5~10 mm³ 的小块,置入 80 目 (d=1 mm) 不锈钢网筛上。②钢网置于大培养皿中,用 Hanks 液或细胞营养液湿润组织小块和筛,使筛孔湿润。一手固定钢网筛,另一手用注射器针栓轻轻挤压组织。③一手提起钢网,另一手用 BSS 冲洗网上的组织细胞。④收集皿中滤过细胞悬液,再置入 150 目 (d=100 μm) 的不锈钢网筛中,处理同②。必要时再通过 400 目 (d=20 μm) 的钢网处理。⑤滤过细胞计数后接种培养。过筛后获得大小较一致的细胞和细胞团,有利保证体外培养条件的一致性。

(2) 针头抽吸方法。组织块经修剪漂洗后,反复剪切成 0.5~1 mm³ 大小,加 BSS 或无血清基础培养液,用吸管头反复吹打混匀,静置片刻,收集 4 号针头通过的单细胞悬液,细胞计数后接种培养。

(3) 剪切法。癌组织尤其是未分化癌、母细胞瘤,用剪刀剪碎时,癌细胞可以游离出来,容易制成多细胞悬液,此法游离细胞未受药物和过度机械损伤。

注意事项

(1) 针栓挤压过网法对组织有损伤,网眼愈小压力越大,组织细胞受损越重,但细胞不受化学物质的影响。

(2) 组织块剪切时间要长,如骨巨细胞瘤经剪切 40 min 后,细胞过网、稀释、接种,原代培养 7 d,细胞单层形成。组织块过大或细胞悬液中的一些絮状物会堵塞网孔。

(3) 筛网先要经过 Hanks 液湿润处理,否则细胞过网时易粘附于网上或堵塞网孔。

(三) 组织块预消化培养法 (Tissue Predigest Cell Culture)

间质成分少的上皮组织块先用酶短时间消化,然后进行贴壁培养,如滋养细胞的分离。组织块酶消化后,去除一部分间质成分,其结构松散,上皮细胞容易从组织块移出。其操作过程如下:

(1) 取 1 mm³ 大小的上皮组织块,用 Hanks 液清洗,静置 3 min,去上清液。重复操作 2~3 次。

(2) 消化酶浓度和消化时间由组织块的多少及硬度决定。如 37℃ 条件下,皮肤组织用 0.15% 胰蛋白酶液消化 10~15 min 为宜;鼻咽上部组织用 0.1% 胰蛋白酶液消化 8

~12 min；肝组织用 0.06% 胰蛋白酶液消化 5~10 min。消化过程中用手指弹击试管。当组织块浮起分散时，表示消化合适，即停止消化。如果组织块凝聚成一团不易分散，表示消化过头，应及时用血清培养基终止消化。

(3) 组织块与 Hanks 液洗混匀，静置 3 min 后去酶液。重复两次，最后用血清培养基清洗一次。接种，培养。

(4) 组织块接种培养方法，同五（一）。

（四）气液界面培养法（Biphasic Cell Culture）

将酶消化分离的气道或皮肤单细胞悬液，接种在胶原涂布的套皿中或胶原海绵块上，加入适量的培养基培养，培养基量要保证上皮细胞面位于液相之上。气液界面培养法因模拟细胞的天然生长环境，改善了细胞 O_2 的吸入和 CO_2 培养箱的排出，培养的上皮细胞呈复层生长，分化更趋成熟。此法为气道、皮肤表皮细胞的生理、病理研究提高十分有用的模型。

（五）悬浮细胞培养法（Suspension Cell Culture）

某些细胞如淋巴细胞、杂交瘤细胞要悬浮在培养液中生长，条件合适能连续培养和收集。细胞传代不受化学物质的损伤。悬浮培养细胞需辅以摇床振荡或搅拌，保持细胞均匀分散在液体中。

（六）微载体细胞培养法（Microcarrier Cell Culture）

将需贴壁培养的细胞悬液、微载体（直径 200 μm，带正电荷的小圆珠）以及少量培养液一起加入反应器中，置 37℃ 5% CO_2 培养箱中静置培养数小时，使细胞贴壁。然后补加培养液进行搅拌培养。每升培养液中有微载体 2~5 g，每克有 8000~9000 个珠子，培养面积为 2~5 cm^2，比常规培养面积大 10~25 倍。需贴壁培养的细胞如猴肾细胞、鸡胚原代细胞、CHO 细胞等，借助微载体培养法，可获得高产量的细胞。该技术需要生物反应器设备（反应罐、各种测试仪、传感器、电脑自动控制仪等），适合自动化疫苗生产。

（七）中空纤维细胞培养法（Hollow Fibre Cell Culture）

1972 年，Knazek 模拟体内微循环，设计了小型中空纤维培养细胞装置。培养细胞在中空纤维上能不断地从流动的培养液获得营养物质，细胞代谢产物和分泌物又可随培养液的流动运走。细胞向三维空间生长繁殖，形成类似组织的多层细胞群体，细胞密度可达 10^9/ml；细胞培养维持时间长，可达数月，适合分泌细胞的长期培养，分泌量的纯度可达60%~90%；培养系统占用空间小，接近体内环境，适于各类细胞的培养，可制备多种细胞产物。在培养过程中，细胞保持高度活性，形态正常，遗传物质稳定。

注意事项

刚离体的组织细胞对生长环境有个适应过程。每个细胞要从培养液中获取生长因子、营养物质，又要向环境释放一些自身物质（通讯因子、生长因子），将生长环境调节到自身生长状态。为提高原代细胞的成活率，细胞接种时要求：

（1）高密度接种。原代细胞接种数要尽可能多。细胞多，调节环境能力大，细胞易存活。一般细胞接种数为 5.0×10^5/ml，高分化二倍体细胞（肝脏、胰、腺、神经组织、肝等）接种数为 $(10^6\sim10^8)$/ml。高活力细胞接种数可以减少，如胚胎细胞接种数为 2.0×10^5/ml。

（2）小器皿接种。取材少时，分离的细胞少，要用小器皿（直径20 mm的培养皿，24孔或96孔培养板）接种培养，这样可提高培养细胞的密度，有利细胞存活。取材多时，选用直径60 mm的塑料培养皿培养细胞（参阅第四章第五节）。

（3）培养面基质包被。①用无血清培养基培养时，培养面需根据细胞对贴壁因子的要求进行促贴附剂处理，否则细胞不贴壁。②高分化细胞常需用塑料器皿培养。因塑料器材表面涂有多聚赖氨酸等碱性物质，增加了细胞的贴壁率和克隆生长率。用玻璃器材培养此类细胞，细胞常常不贴壁，培养面用贴壁因子处理，部分细胞贴壁，但贴壁细胞数量仍不如塑料器材。③特殊细胞用塑料器材培养贴壁率若仍很低时，应根据细胞对贴壁因子的要求，对培养面用贴附剂如胶元、明胶等进行再处理。

分离组织细胞是一项十分精细的工作，对不同种属动物及同种不同组织需采取不同方法和条件，绝不可千篇一律生搬硬套现成方法。要从组织中游离出高质量细胞，必须精心选择细胞游离蛋白水解酶，注意酶浓度、pH、温度、作用时间及辅助试剂等条件，成功的实验方法是从反复多次实验失败后获得的。

第二节　培养细胞的观察

一、培养细胞分型

体外培养的动物细胞有两种类型（见图3-8）：一类是非贴壁依赖性细胞，来源于血液淋巴组织的细胞、杂交瘤细胞、某些肿瘤细胞和转化细胞属于这一类型。这一类细胞胞体呈圆球形，可采用类似于微生物的培养方法进行悬浮培养。另一类是贴壁依赖性细胞，包括大多数动物非淋巴组织细胞和许多异倍体肿瘤细胞。它们只能贴附在带适量正电荷的固体或半固体表面上生长。培养细胞贴附在器皿上，细胞分化现象常变得不显著，易失去它们在体内的原有特征，在形态上常表现出单一化的现象，并常反映其胚层起源，类似所谓的"返祖"现象。如源于内、外胚层的细胞多呈上皮型，来源中胚层的细胞多呈成纤维细胞型，供体年龄越小，这种现象越明显。

体外培养的贴壁细胞大致分为如下四种类型：

（1）成纤维细胞型。成纤维细胞胞质常向外伸出2~3个长短不同的突起，细胞形态有梭形、扇形或星形。细胞边缘不整齐，胞浆透明。细胞核呈椭圆形，核仁明显，细胞可以单独移动。组织块培养时，细胞呈放射状、火焰状或漩涡状走行。除真正的成纤维细胞外，凡由中胚层间叶组织起源的细胞如心肌细胞、平滑肌细胞、成骨细胞、胶质细胞等常类似成纤维细胞形态。凡培养细胞形态与成纤维细胞类似的，皆可归入成纤维细胞型。

（2）上皮细胞型。本型细胞呈扁平不规则多边形，角为钝角，大小相仿，中央有圆形核。细胞外观透明，生长时呈薄膜状移动，细胞彼此紧密相连成单层膜；在特殊培养条件下，有的细胞也可呈管状或囊状样生长。前者如肾脏培养；后者如乳腺、内分泌腺的培养。上皮膜边缘的细胞总是与膜相连，很少脱离细胞群单独活动。起源于内、外胚层细胞如皮肤表皮及其衍生物，消化管上皮、肝、胰、肺泡上皮等细胞，皆呈上皮型。上皮细胞形态特征传代后逐渐典型。

（3）游走细胞型。起源于网状内皮系统的细胞皆属本型。细胞散在生长，呈活跃的游走或变形运动，速度快而且方向不规则，一般不连接成片。此型细胞不稳定，有时难与其他型细胞区别。若受培养基影响，它们也可能呈成纤维细胞形态。如小鼠腹腔巨噬细胞用血清培养液培养时，细胞形态多突起似成纤维样细胞。

1. 贴壁型

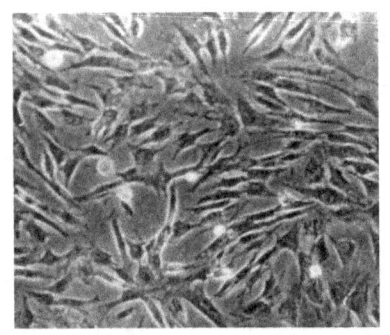 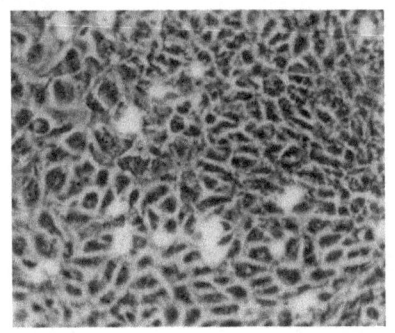

成纤维细胞型（人脂肪组织内皮细胞）　　上皮细胞型（小鼠肺上皮细胞）

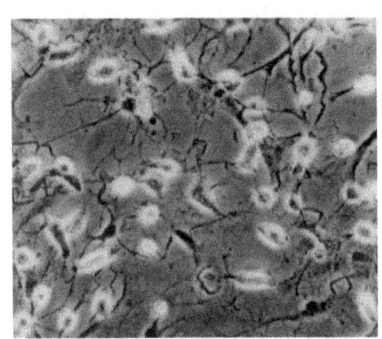 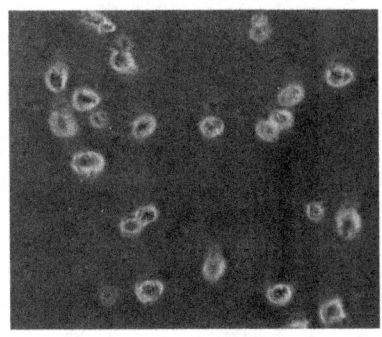

多型细胞型（大鼠大脑神经元）　　游走细胞型（小鼠腹腔巨噬细胞）

2. 悬浮型　　　　　　　　　　3. 半悬浮型

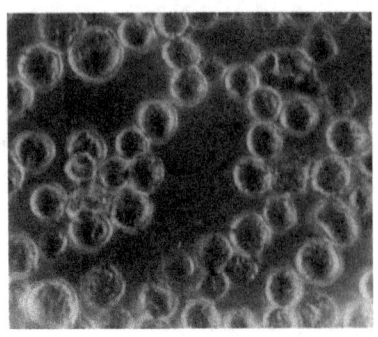 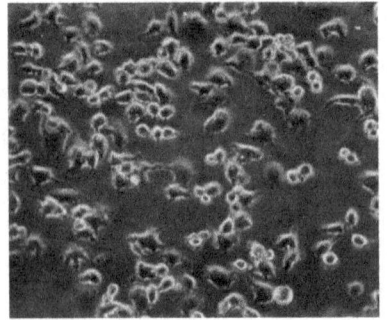

S180 细胞　　　　　　　　　　SP2/0-AG 细胞

图 3-8　体外培养细胞分型（3.3×20）

（4）多型细胞型。神经细胞属于本型。培养细胞的形态特征并非一成不变，易受培养条件（基质、温度、pH、营养、污染和培养方式等）的影响。角膜上皮细胞在胶原基质上的形态与体内天然状态相吻合，而在塑料基质上扁平形呈单层生长。气液界面培养的气管上皮细胞在光镜下呈复层生长，其转运功能较单层培养细胞更接近于正常生理情况。上皮型 Hela 细胞在偏碱或偏酸的环境中停止生长，细胞形态变成梭形、不规则形，给予及时纠正，细胞又逐渐恢复原形。

二、细胞培养中的常用术语

（1）细胞培养（Cell Culture）：单个细胞在体外条件下的生长，称为细胞培养。在细胞培养中，细胞不再形成组织。

（2）组织或器官培养（Tissue or Organ Culture）：是指组织、器官原基，以至整个器官或其一部分在体外的维持或生长，它们可以分化并保持原来的结构或功能。

（3）外植块（Explant）：用于开始体外培养而切下的一小块组织或器官。

（4）细胞系（Cell Line）原代培养物经首次传代成功后即成细胞系。如果不能继续传代或传代数有限，称为有限细胞系（Finite Cell Line），它由原代培养中的许多细胞系列组成。如果能连续传代，则可称为连续细胞系（Continuous Cell Line），即已建成的细胞系（Establisted Cell Line）。

（5）细胞株（Cell Strain）：通过筛选或克隆化，且有特殊性质或特异标记的细胞，这些特性在以后的培养中必须持续存在。这些特性包括：具有一定的标记染色体，对某种病毒的敏感性或抗性，以及具有特殊的抗原性等。

（6）汇合（Confluent）：指在瓶中培养的细胞彼此汇合形成单层。

（7）克隆（Clone）：单个细胞通过有丝分裂形成的细胞群体。

（8）体外转化（*In Vitro* Transformation）：细胞在体外培养过程上中发生与原代细胞形态、抗原、增殖或其他特性的可遗传的变化。

（9）体外恶性转化（*In Vitro* Malignant Transformation）：细胞在体外培养过程中获得了致瘤性，当把这种细胞接种于适当的动物，可以产生肿瘤。

（10）集落形成率（Plating Efficiency）：细胞接种到培养器皿内所形成的集落的百分率。接种细胞的总数、培养瓶的种类以及环境条件（培养基、温度、密闭系统还是开放系统等等）均须说明。如果能肯定每个集落均起源于单个细胞，则可使用另一专业术语——克隆形成率（Cloning Efficiency）。

（11）细胞一代时间（Cell Generation Time）：单个细胞两次连续分裂的时间间隔。可借助显微摄影照相术来精确确定。

（12）群体倍增时间（Population Doubling Time）：在对数生长期（Logarithmic Phase of Growth）计算细胞数增加一倍所需要的时间。例如在此期间细胞由 1.0×10^6 增殖到 2.0×10^6 个细胞。平均群体倍增时间可以通过计算培养结束时或收集培养物时的细胞数与接种时的细胞数的比值推算而得。

（13）再培养（Reculture）：单层细胞不经任何丢失而转移到新鲜培养基的过程。

（14）饱合和密度（Saturation Density）：在特定条件下，培养器皿内能达到的最高细胞数，当细胞达到饱和密度后细胞群体停止繁殖。在贴壁培养中以每平方厘米的细胞数表示，在悬浮培养中以每立方厘米的细胞数表示。

（15）贴壁率（Seeding Efficiency，Attachment Efficiency）：在一定时间内，接种细胞贴附于培养器皿表面的百分率，但应当说明测定贴壁率时的培养条件。

（16）原代培养（Primary Culture）：从机体取得材料（细胞、组织或器官），在培养瓶内培养到第一次传代前，即为原代培养或初代培养。

（17）传代培养或传代（Passage）：指将细胞从一个培养容器移植到另一培养容器中培养。

三、培养细胞一代生长过程

体外培养细胞从细胞接种到分离再培养，一般要经过以下五个阶段（见图 3-9）：

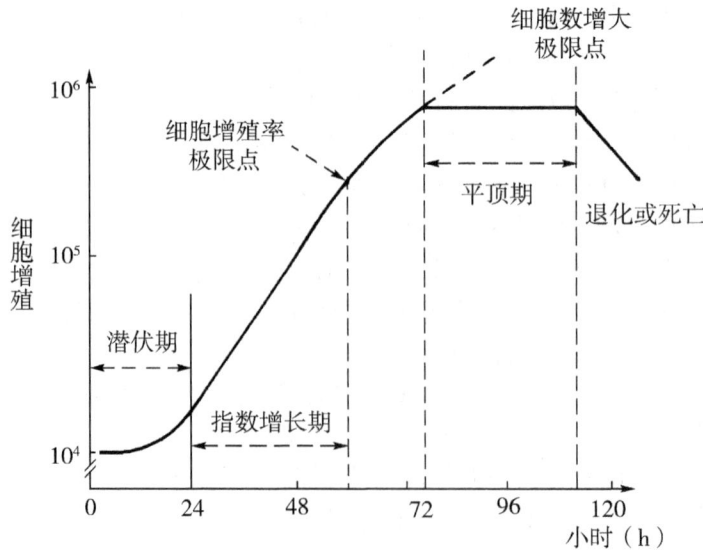

图 3-9 培养细胞（系、株）一代生长过程

（一）游离期

细胞接种后在培养液中呈悬浮状态，也称悬浮期。此时细胞质回缩，胞体呈圆球形。

（二）贴壁期

细胞附着于支持物上，游离期结束。原代细胞大多数在24 h内贴附，细胞株平均在5~30 min贴附。单个细胞贴附快，细胞团和组织块贴附慢。培养基偏酸或偏碱，细胞机能不良或濒死细胞都不易贴壁。另外，培养基污染、胶塞有毒、培养器材不洁等都不利于细胞贴壁。细胞附着生长基质的过程如图3-10所示。其中：(a)表示促贴附因子（带正电荷的生长基质）吸附于培养器皿表面；(b)表示细胞表面和生长基质接触；(c)表示细胞贴壁于生长基质表面；(d)表示贴壁细胞在生长基质表面扩展。

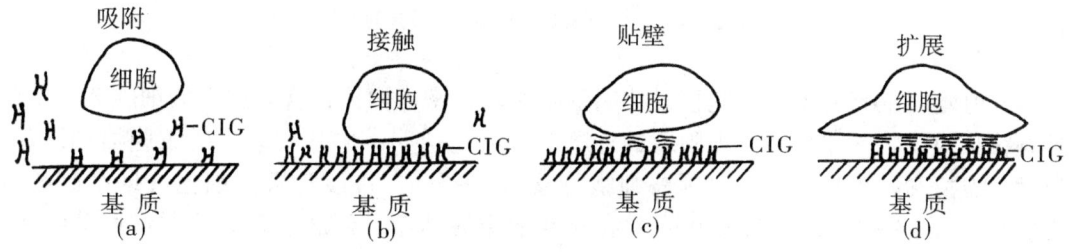

图3-10 细胞在生长基质表面的贴壁过程
CIG：冷析球蛋白

血清中有促使细胞贴壁的冷析球蛋白（CIG）和纤粘素（FN）等基质成分，附着于培养器皿表面，它们是带正电荷的糖蛋白，与细胞表面的负电荷静电吸引，使细胞贴附在支持物上。实验证实：CIG具有使细胞贴壁生长和胞质分裂的作用。1~5 μg/ml的FN能促进细胞贴壁，含10%小牛血清的全培中有2~3 μg/mg FN。FN与细胞表面的FN受体结合，引起细胞骨架重组，促进细胞粘着、铺展、增殖。某些动物细胞如人的成纤维细胞，能合成大量纤粘素，因此即使在无血清的情况下细胞也能贴壁。相反，许多分化程度高的细胞或转化细胞，合成这种糖蛋白的量很少，只有在培养基中补加血清或外加带正电荷的糖蛋白，如鱼精蛋白和多聚赖氨酸覆盖的培养皿，才能改善细胞贴壁率和克隆生长率。CIG与多聚赖氨酸联用，也能促使细胞迅速贴壁。

细胞贴壁后由圆球形细胞变成放射延展细胞，进而过渡成极性细胞，如图3-11所示。

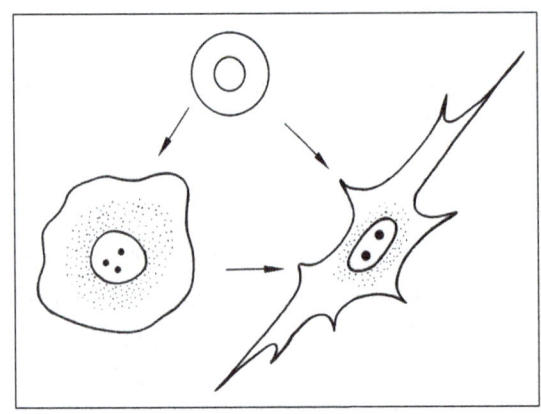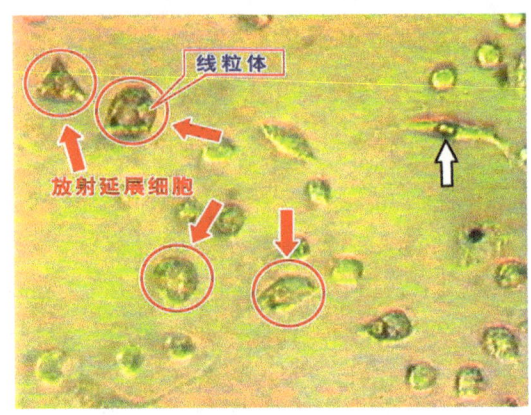

图 3-11 细胞贴壁和延展
上图：示意图；下图：录像图；空箭头示分化的成纤维细胞

放射延展细胞的中央为胞核，核周围胞质较稠密即内质，含有较多的细胞器，主要是颗粒状或线状的线粒体。细胞质的外质部分无色透明，内含有较少的细胞器如微丝、微管，需特殊染色显色。放射延展细胞持续 0.5~2 h，过渡为极性细胞（即细胞的分化形态）。图 3-12 表示扫描电镜下成纤维细胞的贴壁、延展过程。肺原代培养物中，极性细胞常见的有成纤维细胞型和上皮细胞型。极性成纤维细胞形态常随细胞运动而发生改变。成纤维细胞的外质周边部可分为活跃与不活跃的两部分：不活跃部分比较稳定；活跃部分常伸出伪足，使细胞发生定向运动（见图 3-13）。有的成纤维细胞附着于支持物后，也可不经过放射延展阶段而直接变为极性细胞。上皮细胞稍有不同，它们经过延展阶段而进入极性细胞时，细胞相互接壤成片，似无极性之分，外质周边也无明显活跃与不活跃部的区别。

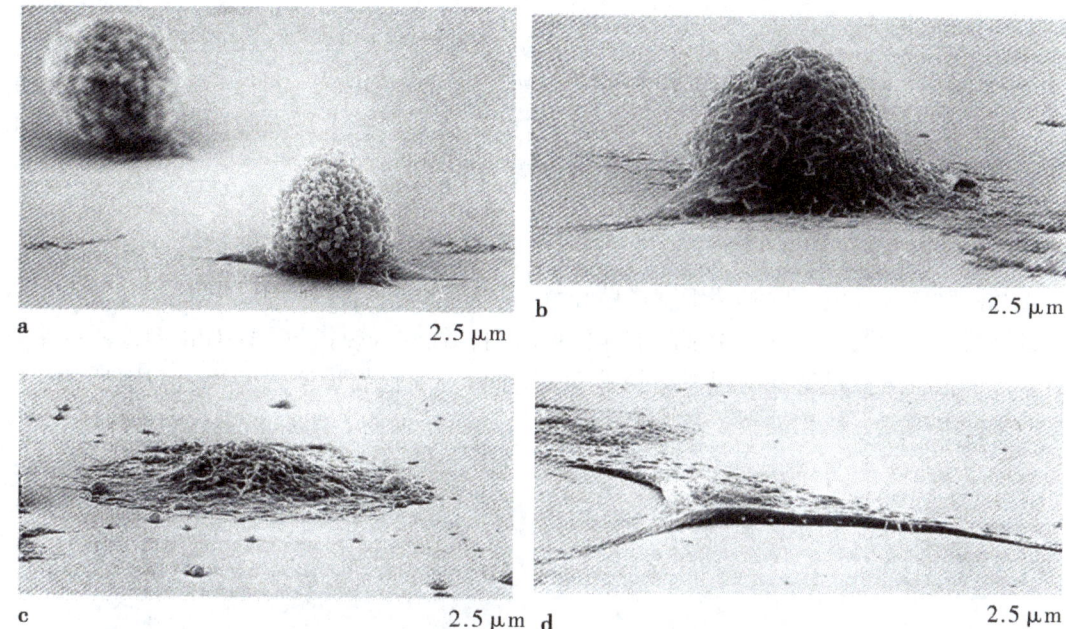

图 3-12 SEM 示大鼠成纤维细胞贴壁和扩展过程

a. 30 min; b. 60 min; c. 2 h; d. 24 h

Form: Karp Gerald. Cell and Molecular Biology: Concepts and Experiments. New York, 1996, p260

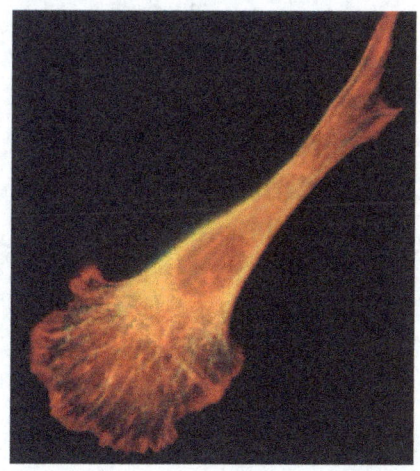

图 3-13 SEM 示大鼠成纤维细胞运动端（皱褶膜和细胞骨架）

From: Karp Gerald. Cell and Molecular Biology: Concepts and Experiments. New York, 1996, p388

(三) 潜伏期

此时细胞有生长活动,而无细胞分裂。初代培养细胞潜伏期长,为 24~96 h 或更长。细胞株潜伏期短,为 6~24 h。潜伏期后期,部分细胞进入细胞间期。细胞分裂出现,细胞数逐渐增多时,标志细胞进入指数增生期。

(四) 指数增生期

又称对数生长期,此时期细胞增殖旺盛,细胞数成倍增长,活力最佳,最适合进行实验研究。此阶段状况可以用细胞群体倍增时间、细胞分裂指数、^{3}H-TdR 渗入法等来判断。在细胞接种数量适宜情况时,持续 3~5 d 后,细胞数量增多。增殖细胞群中,增殖细胞近圆球形,体积较大,核大,电镜下易见双核细胞、姐妹细胞。在 Giemsa 染片上,此期可以见到有丝分裂各期细胞(见图 3-14)。

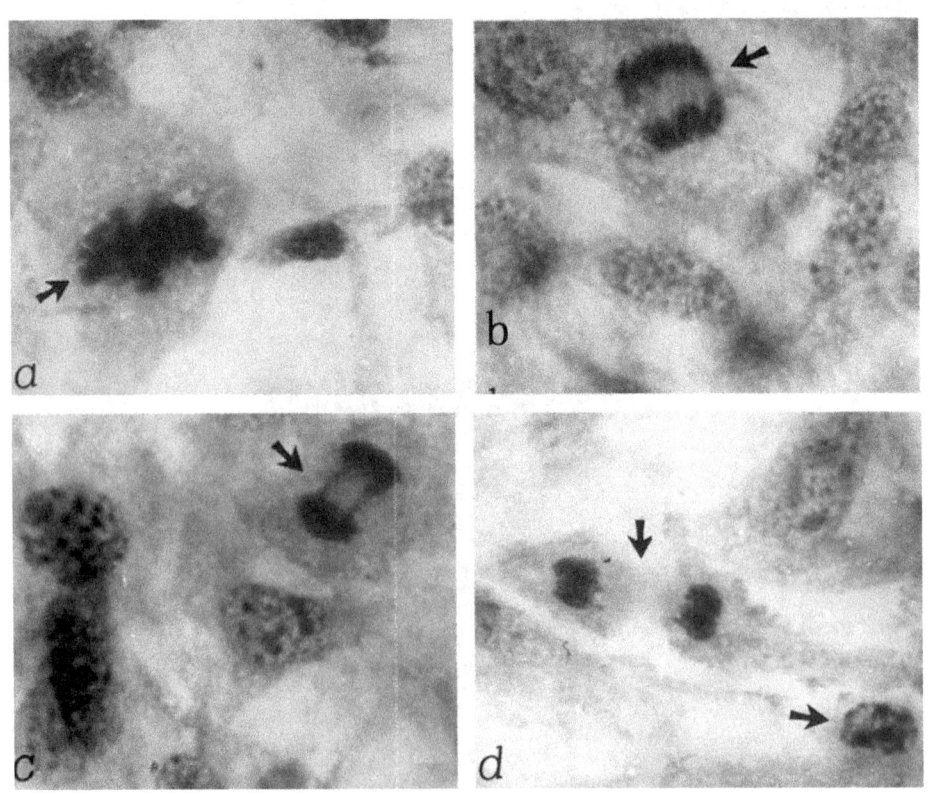

图 3-14 小鼠肺成纤维细胞有丝分裂期 (3.3×100)
a. 中期; b. 后期; c 和 d. 末期

有的瓶内还可见组织块移出的梭形或长条形细胞（以成纤维细胞为主）呈放射状生长，以及大量分散的单个细胞。当两个成纤维细胞相互接触时，其中一个或两个停止移动，并相互远离。当一个细胞被其他细胞阻挡而无去处时就停止移动，接触区域的细胞膜皱褶样活动停止，这样保证了细胞不会重叠生长，此现象为接触抑制（Contact Inhibition）。转化细胞或癌细胞失去接触抑制特征，导致癌细胞能相互重叠生长，并向三维空间发展，只要营养充分，癌细胞仍然能够进行分裂，细胞数量持续增多。正常细胞生长汇合成单层时，细胞密度达到一定程度时，细胞即停止分裂，这种现象叫密度抑制（Density Inhibition）。此时细胞可维持存活一段时间，但不发生分裂增殖。细胞生长所能达到的饱和密度，因细胞的类型而不同，也因培养条件的改变而改变。特别是转化细胞和癌细胞的密度抑制调节下降，因此可以生长分裂至较高的细胞密度。

细胞从贴壁期、潜伏期进入指数增生期时，细胞表面亚显微结构发生相应变化：细胞贴附后，伸长分化成其固有形态，如上皮型细胞扁平，呈不规则三角形，成纤维型细胞伸长成梭形、不规则三角形等。部分分化细胞紧贴培养瓶壁后，从 G_0 期进入 G_1 期，从 G_1 期进入 S 期，核内 DNA 合成，细胞表面微绒毛和小泡很少。细胞进入 G_2 期，特别是 G_2 期的中期，细胞渐渐从贴壁的摊平状态鼓起来。光镜下，G_2 期细胞椭圆形，细胞核大。电镜下，G_2 期细胞表面的微绒毛增多。有丝分裂期（M 期）细胞变成球状，其表面的微绒毛更多了。M 期的末期，细胞分裂成两个圆球状的子细胞。子细胞进入 G_1 期，表面突起消失和微绒毛减少，贴在培养皿壁上，细胞表面铺开拉平，从圆球状变扁平状，细胞又回复到分化态。细胞形态和细胞表面的周期性变化，反映细胞内部的生命活动和细胞与环境物质交换的变化。

（五）停止期（平顶期）

接种第 7~8 d，成纤维细胞长满瓶壁，此时细胞虽有活力但不再分裂增殖，可继续存活一段时间（图 3-15a，b）。为保存细胞活力，通常细胞占瓶底面积 80% 时传代。即将细胞接种到 2~3 个新瓶皿中，继续培养繁殖。若不及时传代，由于营养物的消耗和代谢物的积累，细胞发生中毒性改变，细胞机能下降，胞内黑颗粒增加，或脂滴空泡出现。严重时，细胞脱落死亡。传代过晚（已有中毒迹象）能影响下一代细胞的机能状态。细胞需要恢复，还要再传一两代，待不健康的细胞被淘汰掉后，方可做实验。

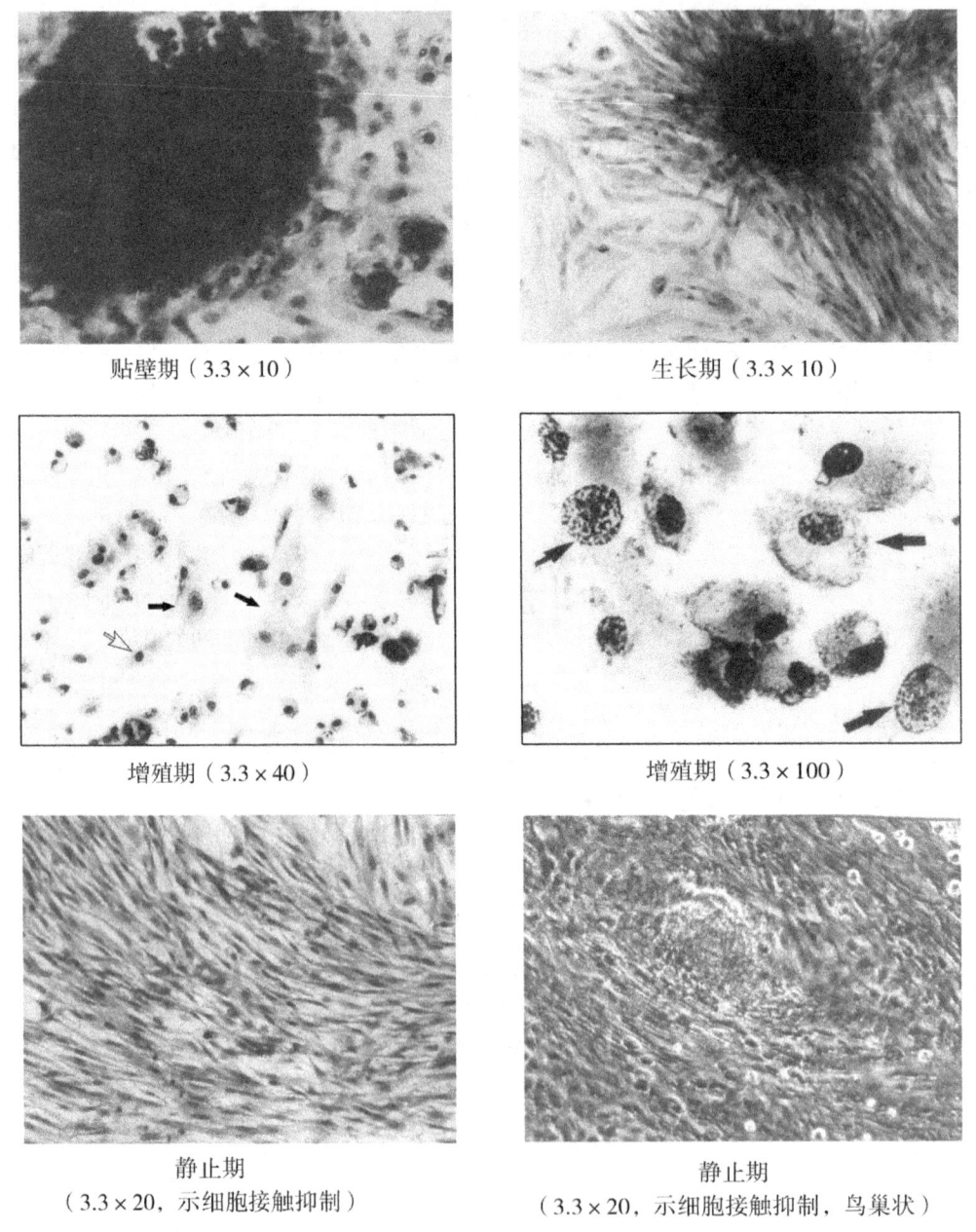

图 3-15a 小鼠肺成纤维细胞一代生长过程（Giemsa 染色）

黑箭头示增殖细胞，细胞近圆球形，核大，核质疏松；空箭头示分化细胞

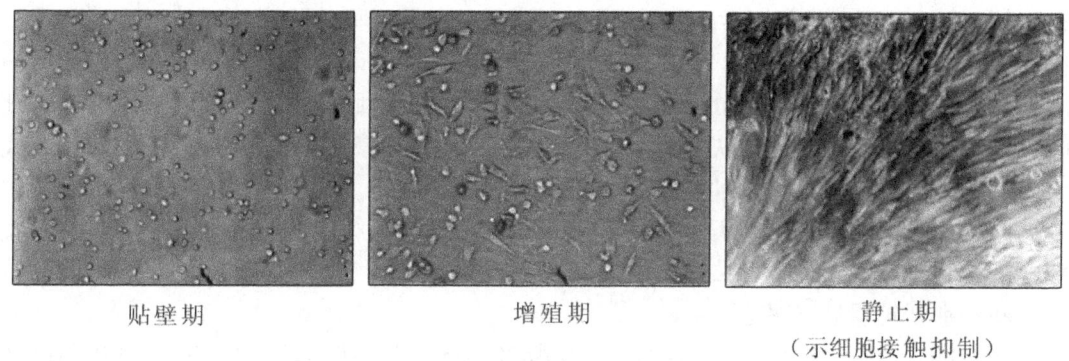

贴壁期　　　　　　　　　增殖期　　　　　　　　　静止期
（示细胞接触抑制）

图 3-15b　小鼠肺成纤维细胞一代生长过程（录像图）

四、细胞周期

　　细胞每一次增殖所经历的全过程称为细胞的增殖周期，简称细胞周期。从理论上说，细胞每经过一个增殖周期，在数量上就增加一倍。根据周期不同时期的生化特点，将细胞周期划分为四个时期（时相，Phase），即 G_1 期（DNA 合成前期），S 期（DNA 合成期），G_2 期（DNA 合成后期），M 期（有丝分裂期）。如以 G_1 期为起点，那么细胞周期的各时相应循着 $G_1-S-G_2-M\cdots$ 的顺序移行，G_1，S，G_2 三期合称为细胞间期。间期细胞完成生长过程，主要为遗传物质 DNA 复制。有丝分裂期完成遗传物质（染色体）的分配。细胞群中多数细胞处于间期，少数细胞处于 M 期。在细胞周期的各期都有蛋白质的合成。S 期的蛋白质合成速度最大，M 期最小。DNA 合成在 S 期；RNA 合成在 G_1，S 和 G_2 期，均以恒定速度进行。细胞周期各时期的生化变化，实际是一个连续的过程。上一期生物合成为过渡到下一期作物质准备。因此，在细胞周期的任何一个时期的生物合成被阻断，都可以使整个增殖周期受到抑制。例如，细胞从 G_1 期向 S 期过渡，需要合成某些特殊 RNA 和蛋白质，这时若 G_1 期细胞接受蛋白质合成抑制剂（如嘌呤霉素）的处理，或 G_1 后期细胞经 RNA 合成抑制剂（如放线菌素 D）处理后，均可阻止 G_1 期细胞进入 S 期。同样，处于 S 期的细胞如用 DNA 合成抑制剂（如氨甲喋呤、阿糖胞苷）处理后，可阻碍其进入 G_2 期。秋水仙碱能干扰纺锤体的形成，细胞被阻断在 M 期。总之，任何一种可以中断细胞增殖的因素（药物或射线），都是通过干扰某一时相的生物合成而抑制细胞生长的。

　　细胞完成一次细胞周期所需要的时间，称为细胞周期时间（Time of Cell Cycle，TC）。因此细胞生长的速度同 TC 的长短有关。正常细胞和肿瘤细胞相比较，TC 大致是相接近的，如人的正常肠上皮细胞的 TC 为 1~3 d，结肠癌细胞的 TC 约 2.5 d。急性白细胞的 TC 是 2~4 d，而正常白细胞的 TC 是 1 d。由此可见，肿瘤细胞的增殖速度并不比正常细胞快。所不同的是：正常细胞的增殖达到一定的限度就停止了，而且增殖的细胞数基本上相当丢失的细胞数，总数始终保持相对恒定；肿瘤细胞则不同，虽然肿瘤细胞的增殖速度不比正常细胞快，也可能有少数的丢失，但是它们是以持续的无限制方式增殖，在培养条件合适时，肿瘤细胞的数量增加永不停止。细胞周期时间和细胞周期中各期的持续时间因不同细胞类型而异。一般说来，哺乳动物的细胞周期为 10~30 h，其中 S 期、G_2 期及 M 期加在一起为 10 h 左右。不同细胞的变异程度较小，而 G_1 期的持续时间差别则较明显（见表 3-1）。

M 期细胞分裂全过程的持续时间一般为 30~60 min，但因细胞种类不同和温度变动，分裂时间有一定差别。由于细胞生长期传代、反复冻存等因素影响，培养细胞中有异常分裂相现象。

表 3-1 一些常用培养细胞的细胞周期时间

单位：h

细胞类型	TC	G_1	S	G_2	M
Hela 细胞	20~28	8~16	5~9	2~8	
人成纤维细胞	16~30	3~16	6~11	4~5	
人羊膜细胞	19.4	9.8	6.7	2.2	0.7
鼠 L 细胞	18~23	6~11	6~12	3~4	
中国仓鼠成纤维细胞	12~15	3~6	4~8	2~3	

五、培养细胞的生命期

多数二倍体细胞在体外培养中维持有限的生存期，最多生存一年左右，人皮肤成纤维细胞传 30~50 代，相当于 150~300 个细胞周期。不同组织来源及取自不同年龄个体的成纤维细胞，其平均寿命是不同的。年轻个体的成纤维细胞的寿命比年老者长。同年龄的个体，其健康差异又影响培养细胞的寿命。不同种族的动物细胞寿命亦不同，如人胚成纤维细胞能传 50 代，恒河猴皮肤成纤维细胞的寿命为 8 代左右。培养的人皮肤成纤维细胞生命的全过程，大致经历以下三个阶段（见图 3-16）：

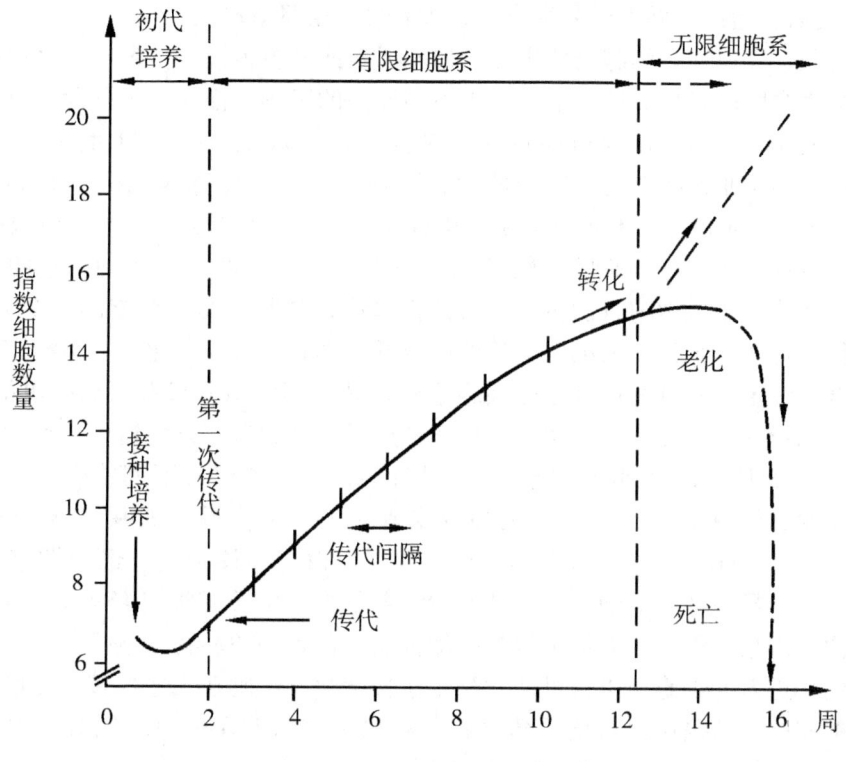

图 3-16 培养细胞的生命期

第 I 阶段：原代培养期（Primary Culture）。是指从动物体内取出的组织细胞，从接种到第一次传代的阶段。原代细胞一般持续 1~4 周，是二倍体核型。此期细胞呈活跃的移动，极少见细胞分裂相。原代细胞与体内原组织相似性大，细胞是异质的（Heterogeneou），细胞间相互依存性强，细胞软琼脂集落形成率和克隆形成率很低。细胞转化的可能性极小，适宜制备疫苗、药物测试、移植实验研究等。

第 II 阶段：传代期。原代细胞传代后称为传代细胞（Subcultured Cell）。原代细胞传代后成为有限细胞系（Cell Line）。在适宜培养条件下，细胞增殖旺盛，并能维持二倍体核型，故又称二倍体细胞系（Diploid Cell Line）。为保持二倍体细胞性质，细胞应在初代培养期（原代或 2~3 代）或传代早期（10 代左右）冻存，这样能保证长期使用和延缓细胞衰老，与原代细胞有同样的形态和使用价值。10 代左右细胞可按建系、株要求进行检测和鉴定（见附录一）。目前世界上常用的细胞系均在 10 代内冻存；如不冻存，反复传代有可能失掉二倍体性质。原代细胞一般传到 10 代左右就不易传下去，大部分细胞生长出现退化死亡。极少数细胞度过危机后又传代下去，这些存活细胞再传代 40～50 代后，增殖缓慢以至完全停止，细胞进入第Ⅲ阶段。

第Ⅲ阶段：衰退期。细胞仍然生存，但不增殖或增殖很慢，多数细胞衰退死亡。

在细胞生命阶段，少数情况下，由于不明原因的影响，任何一个阶段都可能发生自发转化（Spontaneous Transformation）。转化的标志之一是细胞获得不死性（Immortality），即细胞获持久性增殖能力，这样的细胞群体称为无限细胞系（Infinite Cell Line）或连续细胞系（Continuous Cell Line）。培养细胞转化成一个细胞系的可能性，很大程度取决于培养细胞的动物种属。小鸡是一个"稳定"的种，它的细胞培养物不能自发转化。小鼠细胞自发转化的可能性最高，鼠胚成纤维细胞的每个大量培养，几乎都能得到连续细胞系。大鼠、金黄地鼠成纤维细胞的自发转化率也是相当高的。健康成人除淋巴细胞培养可获得淋巴样细胞系外，其他细胞培养成系、株的可能性很小。无限细胞系的形成主要发生在Ⅱ期，Ⅲ期比较少见。细胞获不死性后，核型大多变成异倍体（Heteroploid）。转化细胞可能具有恶性性质，也可能仅有不死性而无恶性，需做动物致瘤试验、软琼脂培养、凝集试验等来确定。目前实验中常用的无限细胞系有 3T3-Swiss albino，NIH3T3，BHK-2 等，它们均来自鼠二倍体细胞，经长期培养后为异倍体核型。它们易在基质上铺开，在低血清培养基内不生长（常用15%血清），在半固体培养基内形成很少集落，但细胞保持接触抑制，而且同源动物无致瘤性；但这类细胞在性质上已接近恶变细胞，也有可能发生了恶性转化。细胞在无恶性转化的前提下才可做进一步的实验。从癌块取材培养建立的各种癌细胞株能在软琼脂低血清中生长（常用10%血清），它们可使裸鼠或去胸腺动物致瘤。

注意事项

1. 无限细胞系细胞是永生化细胞，细胞株细胞是癌变细胞。操作这两类细胞时要十分小心。戴胶皮手套操作，避免细胞和细胞代谢物触及皮肤。换下的液体要放入装有消毒液（20 ml 0.5% 新洁尔灭）的瓶内。台面上的细胞液滴要用酒精棉球及时擦去，避免雾化播散，污染空气和人。

2. 癌细胞实验中，意外发生玻璃划破皮肤时，立即用自来水冲洗，边冲洗边挤血；冲洗数分钟后，进行医疗处理和实验台消毒。

第三节　培养细胞常规检查和生物学检测

一、培养细胞常规检查

细胞接种或传代后，实验者要定时（根据细胞种类和实验要求）对细胞做常规检查，观察培养液 pH（颜色变化）、清亮度（是否污染）和细胞生长状态等，随时掌握细胞的动态变化，以便做换液或传代处理，如发现异常情况则需及时对症处理。

（一）培养液 pH 值

新鲜培养液 pH 7.2 左右，适合多数细胞生长。细胞生长旺盛，代谢产生的酸性物质不断积累，培养液酸化变黄，表示 pH 值下降。若细胞生长停滞、死亡，则培养液颜色变红或紫红色，表示 pH 值上升。当 pH 值低于 6.0 或高于 7.6 时，细胞生长受到影响。原代细胞对 pH 值变动的耐受性差；细胞系（株）耐受性强。对于同一种细胞的生长期和维持期，其最适 pH 值也不相同。对大多数细胞来说，细胞耐酸性比耐碱性强。在偏碱性环境下，细胞很快死亡。培养细胞的最适温度为 37℃ ±0.5℃，偏离此温度，细胞生长代谢会受影响甚至死亡。低温使细胞生长代谢速率下降，一旦温度恢复正常，细胞又会重新生长。高温对细胞影响较大，40℃ 12 h 细胞死亡。为保持细胞的生长活力，采用 5% CO_2 和 95% 空气的混合气体和 37℃ 条件培养细胞，使培养液 pH 值在一段时间内保持 7.2 左右。细胞培养过程中，要定期更换培养液，每次要保留一部分原培养液。更换量的多少视液体颜色而定。更换培养液后，细胞获得高浓度的新鲜培养液的刺激，部分细胞又进入新的细胞复制周期。

1. 原代细胞换液

原代细胞经 24 h 培养，培养液颜色变浅，表示细胞代谢好。少量换液刺激细胞生长。通常是每周换液两次，每次换半量或 1/5～1/3 量。原代细胞第 1 次换液时，切记不要把原培养液倒掉。这是因为原培养液中有体内带来的细胞信息因子，有利于原代细胞存活。这对高分化的胰腺细胞、肝脏细胞、内皮细胞等尤为重要。若培养液颜色变深或没有变化，这是细胞生长代谢不好的信号；再观察数日，液体颜色加深发紫表示细胞已经死亡。

培养液换半量的方法如下：
(1) 瓶口消毒。

（2）从瓶侧面吸去原培养液量的一半。
（3）从瓶侧面补加等体积新培养液。
（4）培养液覆盖细胞面，瓶口消毒加盖。

2. 细胞系（株）换液

细胞系（株）细胞，条件合适时生长迅速，若细胞接种数大时，培养液过夜变黄。此类细胞换液时，可以将液体全部换掉。最好的方法是减少细胞接种数，延长换液时间，进行半量换液。

培养液换全量的方法如下：
（1）台面放一个较干的酒精棉球，翻转培养瓶，使细胞面在上。
（2）瓶口火焰消毒后倒去原培养液。
（3）用酒精干棉球吸去瓶口残留液滴（注意瓶口液滴不能倒流）。
（4）从培养瓶侧面加入新培养液（瓶口有液滴时，用酒精干棉球吸去，然后迅速通过火焰去除残留酒精）。
（5）培养液覆盖细胞面，瓶口消毒加盖。

（二）微生物污染及排除

1. 微生物污染（见图3-17）

在长时间细胞培养工作中，即使实验用品消毒彻底、无菌操作严密，亦难避免偶尔发生污染。污染主要来源于培养用液（培养液、血清、胰蛋白酶等），或操作时由空气播散所致。常见的有细菌、霉菌、支原体、病毒、原生动物等污染。

（1）细菌污染。细菌污染时，常见培养液混浊。污染的培养液在显微镜下可见大量细菌，常见有白色葡萄球菌、大肠杆菌、枯草杆菌等等。有时培养液清亮，但细胞生长缓慢，这时，将细胞生长液接种到肉汤或琼脂培养基培养，37℃培养数日，观察肉汤培养基有无混浊，琼脂培养基上有无菌落形成，以验证是否被细菌污染。

（2）真菌污染。真菌污染时，有的肉眼可见，呈白色、灰蓝色或浅黄色的菌落小点漂浮于培养液表面。有的散在生长，镜下可见丝状、瘤状或树枝状菌丝（菌丝末端有孢子），纵横交错，穿行于细胞之间。念珠菌和酵母菌亦常污染细胞，它们没有丝状结构，形态卵圆形，常散在细胞周边和细胞之间生长（酵母菌成堆生长，念珠菌链状生长）。酵母菌污染时，培养液混浊。念珠菌污染的液体清亮。

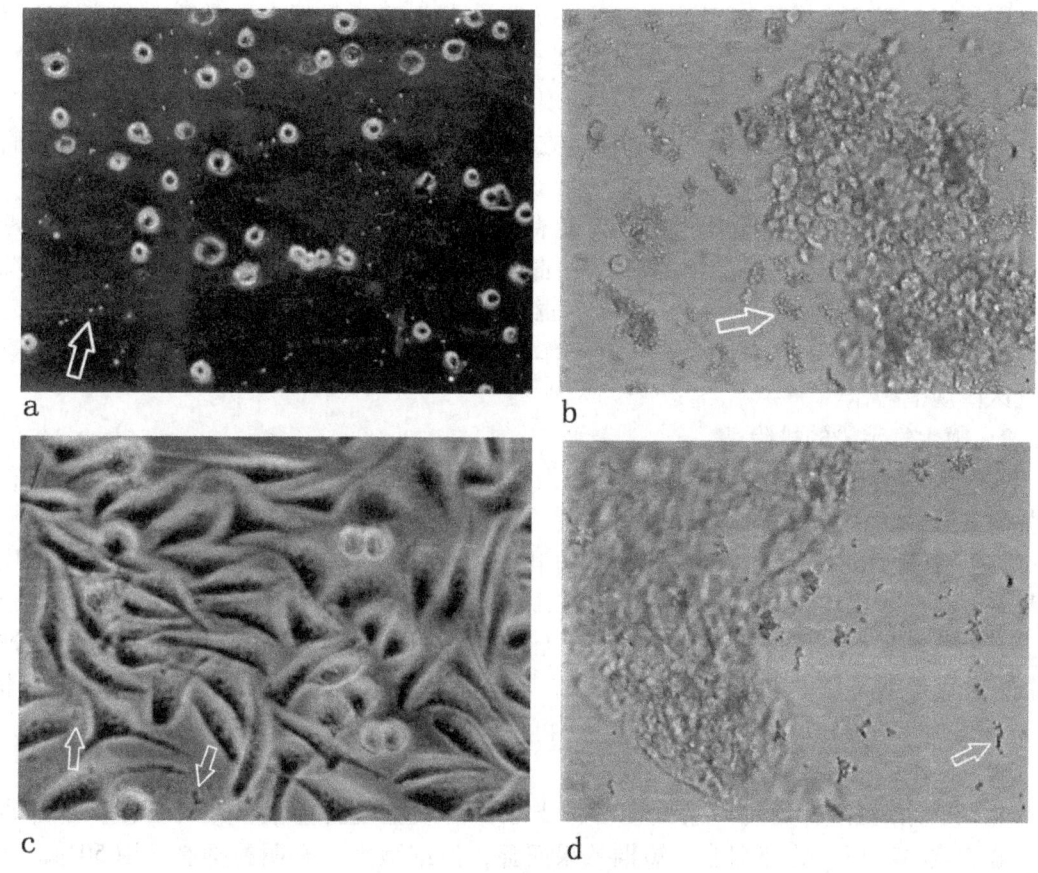

图 3-17 细胞微生物污染

a. 葡萄球菌污染；b. 酵母菌污染；c. 支原体污染；d. 念珠菌污染

（3）支原体污染。人和动物体均储带支原体，除肺炎支原体外，支原体对人的致病力较弱。人口腔常常带有各种支原体。文献报道，63%的细胞培养物中有支原体污染，其污染来源主要为操作者和血清。因此在细胞培养操作过程中，应防范人支原体对细胞的污染。支原体无细胞壁，呈高度多形性，最小直径 0.2 μm，可通过滤菌器，相差镜下支原体呈暗色细小颗粒，有类似布朗运动，位于细胞表面和细胞之间。污染后培养液不混浊，多数细胞无明显变化，或有微细变化，但都由于传代和换液而被缓解，在观察不够细致或缺乏经验时，往往给人"正常"的感觉。在个别严重的情况下，细胞增殖缓慢，部分细胞变圆，从瓶壁脱落，细胞碎片增多。实验证实，支原体抑制骨髓瘤细胞生长，降低融合率；有 DNA 活性的支原体能降低 DNA 的合成；需尿嘧啶型的支原体影响 RNA 的合成；需精氨酸型的支原体能急速消耗培养液中的精氨酸，影响细胞

DNA 的合成。外周血淋巴细胞被支原体污染后，改变了对分裂素（植物血凝素 PHA）的反应性，不加 PHA 细胞就能生长。各类细胞对支原体的感受性和反应性亦有差异：从原代细胞培养物一般不受支原体污染的现象说明，原代细胞和二倍体细胞对支原体的耐受性强。多倍体细胞和无限细胞系易被支原体污染，表明支原体对转化的细胞和肿瘤细胞似有亲和力。

（4）病毒污染。细胞培养物中还可能有内源性和外源性的病毒污染。内源性病毒污染如 B95-8 细胞能释放高滴度的 EBV 病毒，MJ 细胞能释放 T 细胞白血病病毒。外源性病毒污染常见的有人病毒 EBV、狂犬病毒、疱疹病毒、腺病毒和人 RNA 肿瘤病毒等。它们威胁着细胞系、株的质量，也危及操作人员的身体健康，实验者一定要在二级生物安全区内规范操作。

2. 微生物污染的排除

良好的无菌操作技术是控制微生物污染细胞的重要实验基础。细胞被污染时，应首先找出细胞被污染的原因。

（1）细菌污染的处理。抗生素对预防和杀灭细菌有一定效果。联用抗菌素比单用效果好，预防应用比污染后使用效果好。对已发生的细菌污染，再使用抗菌素常难以根除。有的抗菌素对细菌仅有抑制作用，而无杀菌效应，反复使用抗菌素还能使微生物产生抗药性，且对细胞本身也有一定的影响。有价值的细胞被污染后，可试用 5～10 倍常用剂量的冲击方法，加药作用 24～28 h，再换入常规培养液中，有时有效。

（2）支原体污染的处理。

A. 抗生素处理：用抗生素处理污染支原体的细胞是目前最常用的方法。卡那霉素、金霉素、四环素处理细胞，短期效果明显，但细胞生长有明显抑制。用 50 μg/ml 泰乐霉素处理污染细胞 6 d 或连续处理 2 代，支原体污染清除，但不彻底，对细胞生长有影响。近几年报导，用一种新的抗生素 Plasmocin™ 能有效地清除支原体，它对细胞无毒性作用。污染细胞用 25 μg/ml Plasmocin™ 培养基（含 20% 牛血清）培养，每隔 3～4 d 换液 1 次，持续治疗两周，即达到清除支原体的目的。我们对支原体污染的 3 株（系）细胞（Rivo. U251，CHO）进行了 Plasmocin™ 治疗试验。治疗后第二天，可见细胞背景"泥沙"消失，细胞立体感恢复。治疗完毕，细胞生长增殖规律出现。Plasmocin™ 试剂价格昂贵。

说明：① 5 μg/ml Plasmocin™ 可预防支原体污染；② 特殊情况下，污染细胞经 25 μg/ml 治疗两周后，仍未完全清除支原体时，延长治疗一周或用 37.5 μg/ml 浓度治疗一周。

B. 特异性抗血清处理：用 10^7～10^8 污染支原体的细胞免疫家兔，腹腔注射 4 次，每次间隔 4 d，与同源株作血清凝集试验，凝集效价达 1:32 以上。培养物用含 5% 抗血清的培养液培养，5 d 后换液一次，总处理时间为 11 d，然后换常规培养液培养。该方法的缺点是：支原体在抗血清处理过程中，有时会产生新抗原突变株，因此，处理前后必须进行支原体种类的鉴别。少见和难培养的支原体，制备抗血清较难。

C. 高热处理：因支原体和细胞对热的耐受性不同，将受污染的细胞置 41℃作用 5~10 h（最长达 18 h），可以破坏支原体，而细胞损伤少，并可恢复。用新生霉素或卡那霉素单独处理某些支原体时，会使其产生耐药性；但若先用新生霉素（50 μg/ml）处理，继而置于 41℃处理 18 h，即可除去该支原体污染。Ho 和 Deen 将待处理的细胞加热到 41℃，持续 96 h 后，成功地去除了 4 种脑瘤细胞株中污染的支原体，而对脑瘤细胞的生长没有明显的抑制作用。此法对温度敏感的细胞株不能采用。

D. 巨噬细胞和抗菌素联合处理：将同种动物腹腔巨噬细胞加入支原体污染的细胞中（巨噬细胞与污染细胞比例为 100:1），并加 100 μg/ml 洁霉素混合培养，结合支持物方法培养，逐日检查，直至支原体被巨噬细胞消除。

E. 鼠的传代处理：污染的瘤细胞株可接种于 BALB/C 裸鼠或小鼠的颈背部皮下，每只接种 4×10^6 个细胞，接种 3~5 只，通过鼠体内巨噬细胞的作用，去除污染的支原体。在动物带瘤生长一个月时，取瘤块进行原代培养。

F. 血清处理：人和动物的血清中含有一些天然的抗微生物成分，如 γ 球蛋白、补体成分和溶菌酶等。Zieglar-Heibrok 将污染的细胞接种到含 10% 非灭活的血清培养基中，孵育 6 h 后，去除了包括人 – 人杂交瘤在内的 5 种细胞系中污染的支原体，并证实起作用的是补体成分。

目前对细胞污染支原体的处理方法还不够完善，无一例外地对培养细胞都有影响。因此，在探索新方法的同时应着重于污染预防。

用下列方法可抑制或减少支原体：① 使用 pH 6.8~6.9 培养液；② 细胞低速离心：300 rpm 离心 5 min 或 500 rpm 离心 3 min；③ 细胞冻存 2~3 d 后复苏，低速离心培养。

（三）细胞交叉污染及排除

在细胞培养工作中要注意防止细胞间的污染。细胞污染是由于细胞培养操作过程中，多种细胞同时进行时，器材和培养用液混杂使用所致。这种污染结果，可使细胞形态和生物学特性发生变化。某些变化不易被肉眼所察觉。有的污染细胞具有生长优势（如 Hela 细胞），它使污染细胞生长受抑制，至最终死亡。细胞交叉污染，导致细胞种类不纯，不能进行实验研究。防止细胞交叉污染的措施有：① 实验器材如吸管不能混用；几种细胞同时实验时，器材要做好专用标记。② 细胞吸管和细胞用液管要分开，千万不能用细胞吸管直接吸细胞培养液。③ 不同细胞使用相同培养液时，培养液也要专用。

（四）化学物质污染及排除

化学污染物质包括残存洗涤剂、细胞残余片、解体的微生物等。细胞直接接触物（如培养皿、生长基质、培养基等）或间接接触物（如配制培养基的器皿、瓶塞、瓶盖等）一旦受化学物质污染，将导致细胞死亡，因此化学污染是细胞培养失败的一个重要原因。故细胞实验所使用的全部实验器材都要严格清洗，并正确掌握器材操作要领。

（五）细胞生长与衰老

（1）原代细胞悬液接种以后，都有一个长短不同的潜伏期。胚胎组织、幼体组织潜伏期短，一般在第二天即可见细胞生长，一周内连接成片；成年组织的潜伏期长，老年组织和癌组织的潜伏期更长（1~4周）。鼠肺组织块培养时，最早从块移动出来的是游走细胞，它们单独活动，形态不规则；在游走细胞后，接着移动出内皮细胞、成纤维细胞和上皮细胞等。当细胞出现分裂后，细胞数量逐渐增多，形成较大的生长晕或连接成片时，才真正进入了生长状态。成纤维细胞是最易生长的细胞，生长速度快，前哨部位的成纤维细胞呈放射火焰状或螺旋状向外扩展。最边缘的细胞能够单独活动，借移行运动向前延伸。细胞密度增大时才连接成片；细胞密度不大时，则连接成网状。上皮细胞排列紧密，相互连接呈膜状，边缘整齐，细胞很少单独活动，生长时整个上皮膜移动。上皮细胞，尤其是外胚层来源的细胞（如表皮细胞），生长过程中产生透明质酸酶，能使细胞间质发生液化，导致细胞相互分离卷曲，形成所谓的拉网现象（Netting），严重时可使细胞脱落。在成纤维细胞和上皮细胞同时生长时，成纤维细胞的生长速度往往超过上皮细胞，因此要获得上皮细胞培养的成功，需采取一定的技术措施（参阅第四章第二节）。

（2）健康细胞和衰老细胞。光镜下生长状态良好的活细胞均质而明亮，透明度大，折光性强，相差显微镜下可以看清细胞质中有粗大线粒体颗粒和核，细胞轮廓不清晰。在细胞机能不良时，细胞质中常出现黑色颗粒、空泡或脂滴（见图3-18），细胞轮廓增强，细胞间隙加大，细胞形态变得不规则或失去原有特性。只有状态良好的健康细胞才宜进行实验。在很多情况下，细胞虽机能状态不良，但仍可生长，如支原体轻度污染时即如此。因此，细胞生长与否不能作为细胞好坏的唯一标准，必须作全面分析。用台盼蓝染液可区分死细胞和活细胞（参见图3-22）；用Hoechst/PI双荧光染色，可区分正常活细胞、凋亡细胞和死细胞（参见图4-5）。

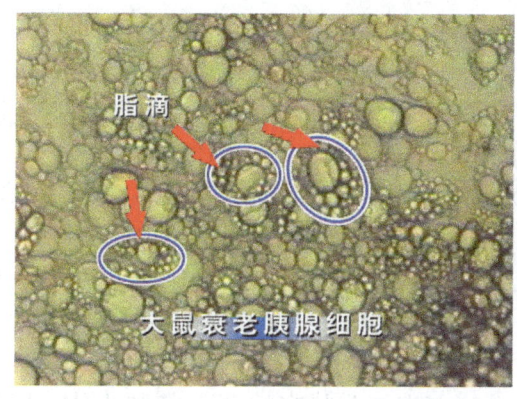
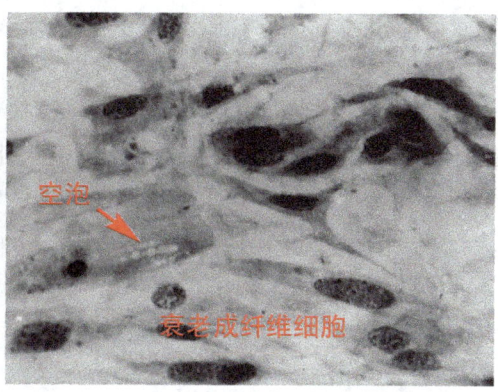

图 3-18 衰老细胞

二、培养细胞的生物学检查和鉴定

培养的细胞一旦生长成为形态上单一的细胞群或细胞系（株）后，无论是使用它进行研究工作，还是做建系（株）工作，都需要全面了解这些细胞的生物学特性。生物学特性的检测项目一般有以下内容：

（一）细胞形态描述

用相差显微镜观察活细胞并摄影，主要观察细胞形态、大小、核浆比例、染色质和核仁大小及多少等。采用盖玻片条培养技术和 Giemsa 染色法，能简便而快速地获得细胞光镜图像特征。细胞用电镜技术研究，则可获得细胞超微结构的图像特征（微绒毛多少，桥粒有无，微丝、微管的多少和排列方式等）。上皮细胞的桥粒多，转化细胞的微丝、微管排列不整齐。

（二）细胞定性研究

体外培养的动物细胞形态常见的有两种：成纤维型细胞和上皮型细胞。因培养细胞形态易受环境条件的影响，所以细胞光镜形态可以描述，但不能定性。培养动物细胞免疫标志的定性方法有如下两种：

（1）免疫荧光技术。免疫荧光技术是用荧光素标记抗体的技术，主要是检测、鉴定、定位和示踪各种抗原抗体成分。要求染色细胞形态亮丽，抗原保持原型。标本处理要求低温快速（参阅第四章第三节）。如用荧光 192-IgG 抗体可鉴定鼠脊髓运动神经元；用荧光抗中间丝抗体可显示人滑膜细胞 Vimenting 环核的分布特征；用荧光第八因子相关抗原可鉴定血管内皮细胞（参见第四章第二节的图 4 - 8）。

（2）免疫酶标技术。免疫酶标技术是采用辣根过氧化物酶（Horseradish Peroxidase）代替荧光素标记抗体Ⅱ。此种标记物同时保留细胞酶活性和细胞免疫特性。染色方法和时间与免疫荧光技术相似。不同的是：酶标记抗体与抗原结合后，需再滴加酶的底物 H_2O_2 和供氢体二氨基联苯胺（Diaminobenzine，DAB），或者 3 - 氨基乙基咔唑（3-amino-9-ethylcarbazole，AEC）等。酶和底物反应后，光学显微镜观察，DAB 显色产生黄褐色沉淀物，AEC 显色产生红色沉淀物。染色标本可以永久保存。如 AEC 显色示大鼠雪旺氏细胞 S-100 蛋白表达；DAB 显色示人皮肤成纤维细胞Ⅰ型胶原位和神经胶质细胞中外源基因表达（参见图 4 - 10）。

此外，用透射电镜技术可以观察到大鼠血管内皮细胞特有的 W-P 棒状小体，用扫描电镜观察细胞表面特征（见图 3 - 19）。

迄今尚没有成纤维细胞的特异标志。因此，加强对细胞标志的研究才能更准确地鉴定细胞。

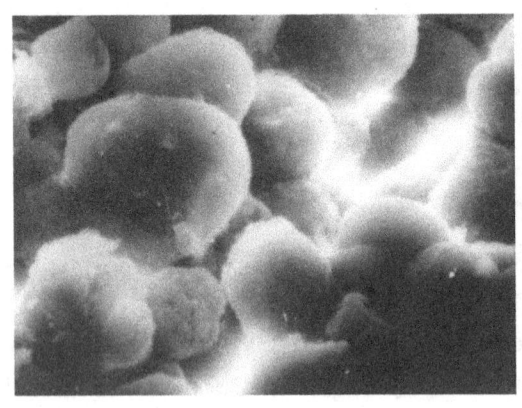 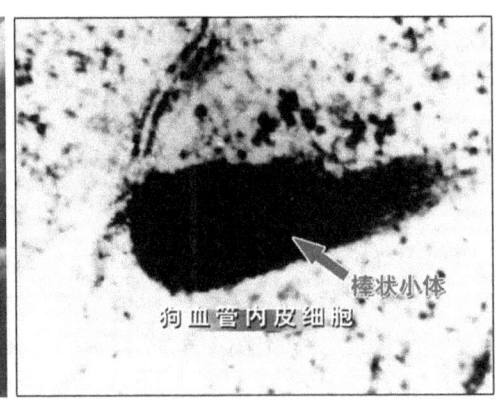

图 3 - 19　细胞电镜研究
左图：SEM 示大肠癌细胞表面微绒毛（周杰教授图版）；
右图：TEM 示狗血管内皮细胞棒状小体（陈李汉医师图版）

（三）细胞生长曲线

将指数生长期细胞，采用常规消化传代方法，制成细胞悬液。一般接种 7～8 组，每组 3 瓶；亦可用 24 孔培养板。每天检查 1 组，每瓶计数 4 次，取其均值，再累计 3 瓶均值，连续计算 7～10 d。最后用坐标纸绘出逐日细胞数，即得细胞生长曲线，如图 3 - 20 所示。细胞数量增加 1 倍的时间即为细胞倍增时间。

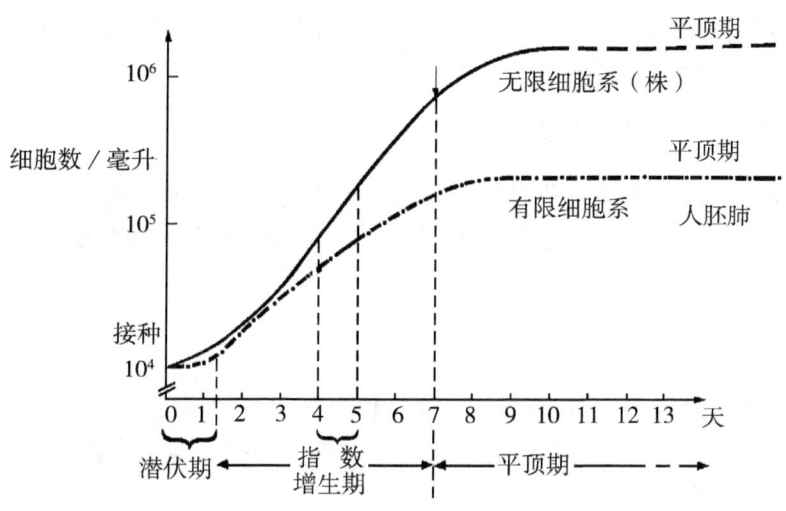

图 3-20 细胞生长曲线

注意事项

(1) 根据细胞生长特点,接种细胞要选择合适的密度。
(2) 培养瓶规格、各瓶培养液量、接种细胞数都要一样。
(3) 不同细胞生长速度作比较时,细胞接种密度也要相同。三天后未计数的细胞要换液并保持原培养液量。
(4) 目前多数实验室采用 MTT 法测量细胞生长曲线,能比较快速、准确地测定(参见第四章第二节)。

(四) 细胞分裂指数 (MI)

细胞分裂指数是指 1000 个细胞中细胞分裂相的数目,用以表示细胞增殖旺盛程度。计算 MI 时,要将细胞悬液接种在有盖玻片条的培养皿(孔)中,逐日取出盖片条(取片前 3 h 加入终浓度 0.02 μg/ml 的秋水仙素),经固定 Giemsa 染色封片制成标本。镜下观察分裂相并计数,观察时要选择密度近似区,以减少误差。取得逐日分裂相数值后,即可绘成细胞分裂指数曲线。

(五) 细胞标记指数

用 3H-TdR 作为 DNA 合成的前体标记,将其渗入细胞群中。凡被渗入的细胞即被标记，结合放射自显影手段，计数1000个细胞中被标记的细胞数，借以了解细胞DNA的合成情况（参见第四章第四节）。

（六）细胞DNA定量

培养细胞技术结合Fulgen染色法和显微分光光度技术，或细胞DNA荧光染色结合流式细胞仪测试分析，检测细胞DNA的含量，确定测试细胞的倍体类型（参见第四章第四节）。

（七）细胞周期

细胞周期由细胞间期（G_1，S，G_2期）和细胞丝裂期组成。细胞群体倍增时间概念与细胞周期不同，在倍增时间内有些细胞不分裂，有些细胞可分裂数次。一般细胞周期都短于细胞倍增时间。

细胞周期的测定方法有以下两种：

（1）同位素标记测定法。将细胞接种在有盖玻片条的皿（孔）中，在细胞进入指数增生期时用^{3}H-TdR标记细胞30 min，后每隔30 min取材一次，直到48 h为止，然后用放射自显影或液闪计数法来观察和计算细胞分裂相出现、高峰、消失的时间，记录各时间分裂相数量，绘制成图并进行分析。放射自显影在测定细胞周期的同时，亦可了解细胞DNA的合成情况。

（2）流式细胞仪测定法。流式细胞仪是对细胞或细胞器的结构（如大分子核酸、酶、抗原和碱基、外源凝集素等化学物质）和细胞某些功能（如膜电位和膜流动性、酶蛋白活性、DNA合成、细胞内pH值和氧化还原状态等）进行定量测定的仪器，并根据细胞亚群特定性质对细胞进行分类。流式细胞仪检测的对象是单个细胞和单个细胞核悬液。使用PBS或基础营养液稀释细胞，保持细胞活性和功能。细胞悬液中不能有团块或过多的细胞碎片，以免堵塞仪器喷嘴。细胞密度要求是10^6个细胞/ml，细胞过多会堵塞喷嘴和分子筛，过少则使测量时间延长。

流式细胞仪测量细胞参量有两类：一类是内部参量，细胞不用荧光素标记，如测量细胞大小和形状、细胞颗粒和色素，了解细胞氧化还原状态；另一类是外部参量，细胞需荧光素标记，如测量细胞核酸、碱基、蛋白质、糖类、钙离子等，了解细胞结构和功能。细胞荧光素标记前，需先进行固定处理。细胞固定方法：将各种来源的细胞样品（如对数生长期单细胞悬液，或组织消化分离的细胞或细胞核悬液）300 rpm，离心5 min。细胞离心沉淀加0.5 ml PBS混匀后，用细滴管或注射器将细胞悬液迅速喷射到4℃ 75%乙醇中，或将75%冷乙醇倒入细胞悬液中，边倒边混匀。再经75%冷乙醇洗涤后，4℃冰箱至少固定18 h。上机测试前，将4℃细胞悬液用PBS洗涤两次，取0.5

ml 细胞悬液（10^6 个/ml）进行荧光素标记和流式细胞仪分析。

培养细胞的生物学特性检测项目还有接种细胞贴壁率、细胞克隆形成率测定（参见第四章第二节），以及用免疫组化手段测定细胞化学成分（核酸、糖、蛋白质、酶、硫酸软骨素、胶原），用分子生物学手段检测基因等。此外，还要进行肿瘤细胞与正常细胞的区分实验，如软琼脂培养实验、刀豆球蛋白 A（ConA）凝集试验、组织浸润试验、动物接种试验等。

第四节 细胞传代培养

原代培养细胞在瓶壁汇合后，需进行分离再培养，否则会因细胞密度过大，或生存空间不足、营养不够导致细胞衰老、停止生长甚至死亡。细胞的再培养，即将原代培养瓶内的细胞分离、稀释、接种到新培养瓶内继续扩增培养。原代培养的首次传代称为第二代，是建立细胞系的关键时期。首次传代时，细胞接种数量要多，使细胞尽快适应新环境，有利于细胞的生存和增殖。通常，原代细胞按 1:2 分种传代。生长快的细胞系（株）按 1:4 分种传代。

一、细胞传代方法

根据细胞生长的特点，传代方法有以下三种：

（一）悬浮生长细胞传代

悬浮细胞（SP2/0，S180）多数采用离心法传代，1000 rpm 离心 20~30 s 后去上清液。沉淀细胞加新培养液混匀再传代。亦有直接传代法，即先将上清培养液去除 1/2~2/3，然后用吸管直接吹打沉靠在瓶壁的悬浮细胞，形成细胞悬液后再传代。

（二）半悬浮生长细胞传代

此类细胞部分呈现贴壁生长现象，但贴壁不牢，用直接吹打法可使细胞从瓶壁上脱落下来，进行传代。直接吹打对此类细胞有些损伤，亦可采用酶消化法传代。

（三）贴壁生长细胞传代

贴壁细胞传代必须采用酶消化法。常用的胰蛋白酶液有 0.05%~0.25% 的胰蛋白酶液，0.1%的胰蛋白酶和0.02%的EDTA（1:1~1:4）的混合消化液（TE消化液），还可单独使用0.1%~0.2%的EDTA液。上皮细胞传代常选用37℃混合消化液，消化后的细胞需清洗，以去除EDTA。

二、乳鼠原代肺细胞培养物传代

（1）生长良好的原代肺细胞，一般经过7 d左右可形成致密单层细胞。

（2）倒去原瓶培养液，用1 ml Hanks液洗一遍（若需收集分裂细胞，则轻轻振动培养瓶，将贴壁疏松的有丝分裂球形细胞振入培养液内，最后移入离心管中）。

（3）消化。向培养瓶无细胞面加入0.5 ml胰蛋白酶液，翻转培养瓶，使消化液浸泡细胞面。30 s后，倒去多余的消化液，剩余的酶液继续作用。在相差或倒置显微镜下观察细胞消化变化。当观察到大部分细胞出现胞质回缩、细胞趋向圆球形、细胞间隙增大现象时，立即终止消化。终止消化的方法为：加基础培养液或Hanks 1 ml，用吸管头轻轻地、有序地吹打瓶壁细胞（从瓶底到瓶口，从瓶的一侧到另一侧，注意吹打边角细胞），细胞从支持物上脱落，并彼此分离悬浮于水中，液体混浊（见图3-21）。将消化下来的细胞归入离心管中，离心去上清液。

（4）分瓶扩大培养。离心沉淀细胞加少量完全培养液，混匀，分别接种到两个新的培养瓶内。每瓶再补加2.0 ml培养液，轻轻吹打混匀细胞，37℃ 5% CO_2 培养箱中培养。次日换液。

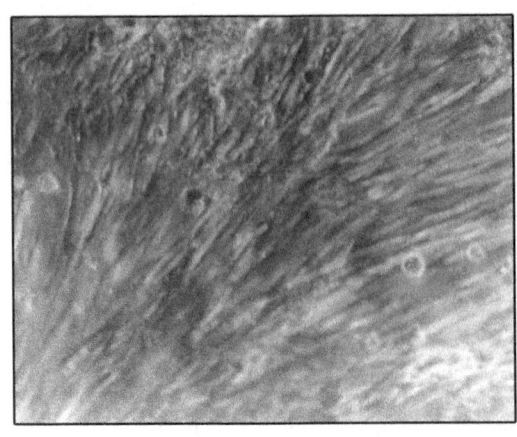 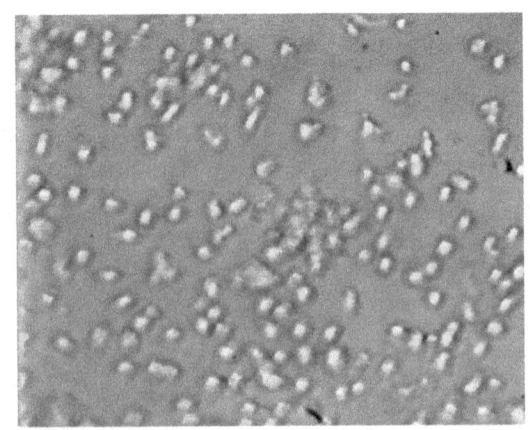

图3-21 细胞消化前后比较图
左图：消化前（细胞接触抑制）；右图：消化吹打后（细胞分散）

注意事项

（1）不同类细胞对酶消化作用的敏感性不同，故消化时间的长短及难易程度也不同。细胞首次传代，需摸索消化酶的浓度、消化时间、消化方式等条件。消化时间合适时，轻轻吹打，细胞容易分散，传代细胞有生命力。

（2）原代多层成纤维细胞消化时，镜下出现蜘蛛网状现象时，立即终止消化。

（3）镜下消化细胞呈肿胀样或灯泡样时，表示消化过头。

（4）胰蛋白酶消化速度快、省时，但细胞不宜分散。EDTA 消化速度慢，用血清不能终止其作用。两者联用可以加快细胞分离速度，但 TE 消化后的细胞必须洗涤。

（5）传代消化时，出现细胞层大片脱落现象时，应适当延长消化时间，才能达到轻轻吹打细胞分离的目的。若立即停止消化，因消化时间不够，轻吹打，细胞不分离；重吹打（初学者常用此法），细胞受伤，单个细胞少，小片层细胞多，传代瓶细胞常呈孤岛样生长分布。如此重复操作，传代细胞退变，细胞数越传越少，甚至全部死亡。只要适当延长消化时间，传代细胞呈单个分散态生长，细胞又会逐渐恢复单层生长的特征。

（6）血清可以终止胰蛋白酶液对分散细胞的作用，但终止效果不及胰蛋白酶终止液。

（7）使用 0.25% 柠檬酸胰蛋白酶液传代，既有消化速度快、细胞分散好的优点，又对细胞无毒害，消化后细胞也不需洗涤，适合细胞计数传代（注：0.25% 柠檬酸胰蛋白酶液：每升蒸馏水中胰蛋白酶（1:250）2.5 g，柠檬酸钠 2.96 g，氯化钠 6.15 g，碳酸氢钠 0.35 g）。

（8）某些原代细胞用上述消化方法仍不能使细胞脱壁分散时，可试用下法消化：原代细胞用 1 mmol/L EDTA（PBS 配制）洗一遍，再用 0.25% 冷胰蛋白酶作用 30 s。酶液弃去，将培养物置 37℃ 15 min。镜下观察，出现细胞分离的合适图像时，加培养液吹打；否则延长消化时间，继续观察。

（9）巨噬细胞对胰蛋白酶和 EDTA 的作用不敏感，若用 TE 消化时，常出现细胞不易脱壁的现象。改用无防腐剂的利多卡因液传代，可获得好的消化效果。

A. 利多卡因消化液：用 PBS 配制 360 mmol/L 利多卡因母液。用 1 mol NaOH 液调节母液 pH 值至 6.6，最后用 PBS 液将母液稀释成 12 mmol/L 的应用液。

B. 细胞传代：传代细胞用 PBS 洗一遍后，加入 12 mmol/L 利多卡因液，37℃ 消化 3～4 min，待细胞变圆时，加营养液轻轻吹打。

（10）原瓶传代培养：若传代瓶内细胞分布不均，瓶边、角细胞接触抑制态，多数细胞零星分布时，可采用原瓶传代培养方法扩增细胞。即将消化分散细胞加培养液后混匀，使细胞均匀分布在原瓶内生长增殖，减少转瓶时的细胞丢失。

三、盖玻片条细胞培养法

盖玻片细胞培养方法主要用于细胞免疫组化片的显微摄影和扫描电镜等研究。盖玻片、条细胞培养需准备灭菌的青霉素瓶或培养皿（直径 2.0～3.5 厘米）和缺角的盖玻片条。

（一）盖玻片（条、块）的准备

（1）用玻璃刀或小砂轮、砂锯将清洁盖玻璃片划成大小不一的数条（块），再经 95% 酒精浸泡，蒸馏水冲洗，干燥备用。
（2）将硫酸纸裁成小张，去离子水漂洗，干燥备用。
（3）1 张硫酸纸包 1 块（条）盖玻片。
（4）包片置于皿中，灭菌消毒备用。

（二）青霉素瓶接种方法

向青霉素瓶中加入 1.5 ml 血清培养基和 0.2 ml 原代消化分离的细胞悬液，轻轻混匀后，加入缺角盖玻片条（注意：液体要沉没盖玻片条，并记住玻片条缺角端位置。盖玻片条缺角端是一种标记，帮助实验者记住细胞生长面），加瓶塞。青霉素瓶倾斜在支架上，使悬液中细胞集中向盖玻片条一个方向沉落）。

（三）塑料培养皿、多孔板接种方法

培养皿中先加少量的培养液，再加盖玻片条，使盖玻片条贴附在皿底。大皿中可多放几块玻片，以增加细胞的收集面。最后加入细胞培养液和细胞悬液，用吸管头轻轻混匀，培养皿慢移轻放入培养箱中，静置培养。

（四）玻璃培养皿接种方法

盖玻片先贴皿，一起包装消毒。细胞接种方法和要求同（三）。

> **注意事项**
>
> （1）手指不可触及培养皿内盖外壁。
> （2）操作时培养皿外盖不能全打开。
> （3）皿内液体不能溅到内盖外壁上，若溅到外壁上，用酒精干棉球擦拭。接种皿外加套消毒皿，操作方便，减少手指接触污染。
> （4）接种生长良好的健康细胞；细胞接种量合适。
> （5）原代细胞培养的盖玻片要进行促贴附剂处理。
> （6）及时收集细胞。培养皿在倒置显微镜下观察，青霉素瓶可以隔着瓶壁对光观察玻片条上有无白色点状物，再综合培养基颜色判断细胞生长情况。

四、死、活细胞鉴别试验

事实上，任何培养瓶内的细胞都由死细胞和活细胞组成，从外形上区别死、活细胞是困难的。当细胞死亡时，某些酸性染料不能透入活细胞，但能透过变性死亡的细胞膜，使细胞着色，因而能鉴定细胞死活。常用的染料有台盼蓝（又名曲利本蓝、锥蓝、Trypan blue）、伊红Y、苯胺黑等。此外，还有使活细胞着色的结晶紫法。其中台盼蓝法、苯胺黑法适合细胞活性计数研究，实验细胞浓度为（2~20）×10^6个细胞/ml。如图3-22所示。

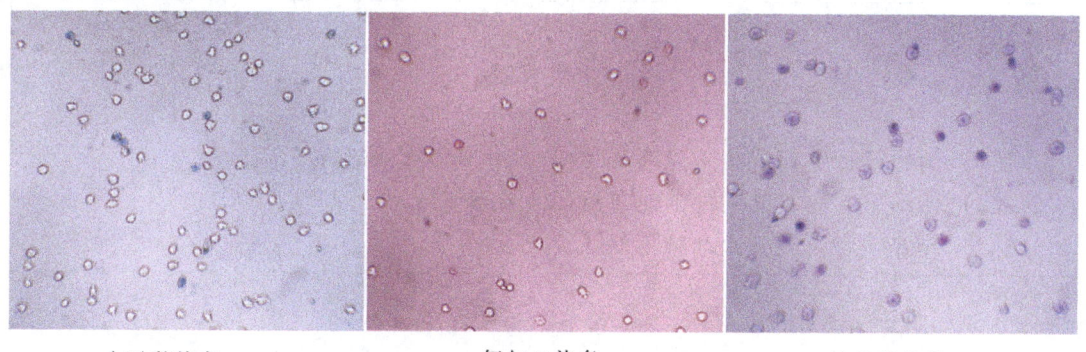

台盼蓝染色　　　　　　　伊红Y染色　　　　　　　结晶紫染色
（死细胞蓝色）　　　　　（死细胞红色）　　　　　（活细胞紫色）

图3-22　死、活细胞的鉴别

（一）0.5% 台盼蓝

0.5 g 台盼蓝加热溶于 100 ml BSS 中（pH 7.2~7.4），过滤使用。细胞悬液和染液按 1:1 比例混合后，加盖玻片，3 min 内计数 100~200 个细胞。活细胞圆形透明，死细胞蓝色。用活细胞占计数细胞中的百分比表示细胞活力。

（二）0.1% 苯胺黑（Aniline Black）法

苯胺黑对细胞毒性小，被染活细胞可保持数小时不被裂解杀死。此法常用在微量细胞毒性试验中，能较准确地测定巨噬细胞的活性。其缺点是细胞对苯胺黑的摄取比台盼蓝慢，黑色死细胞与未处于焦点的活细胞（不着色）易混淆。

1% 苯胺黑液用 5% 小牛血清的 BSS 或 0.9% 生理盐水配制。配制后过滤使用。使用时，细胞悬液 1 份与 2~10 倍 0.1% 苯胺黑液混合，静置 5~10 min 后，观察计数：死细胞染成黑色，活细胞不着色。

（三）0.15% 伊红丫（Eosin Y，生理盐水配制）

细胞悬液与 7 倍量 0.15% 伊红液混合，2 min 后观察：死细胞桃红色，活细胞不着色。

（四）0.1% 结晶紫（BSS 配制）

细胞悬液与结晶紫过滤液等量混合后，立即镜检，着色为活细胞。

注意事项

(1) 细胞活性鉴别试验不能区别 10%~20% 的细胞活力差异。
(2) 活细胞可能不贴壁或不能长时间生存和繁殖。
(3) 正常活细胞和凋亡细胞不能区分。

第五节 细胞冻存、复苏、运输和短期保存

细胞低温冷冻贮存是细胞室的常规工作。细胞冻存可以减少人力、经费，减少污染，减少细胞生物学特性变化。细胞冻存和复苏的基本原则是慢冻快融。

一、影响冻存细胞活性的因素

（一）低温保护剂

细胞若不加低温保护剂而进行直接冻存，细胞内盐液会形成冰晶，造成细胞内一系列损伤：胞内冰晶引起机械损伤，细胞脱水引起盐毒和 pH 改变。这样就会导致：细胞结构损伤和线粒体肿胀、功能丧失；膜类脂蛋白质复合体破坏导致膜通透性改变，细胞内含物丢失，DNA 结构损伤；溶酶体膜破裂和酶释放，最后导致细胞死亡。因此，细胞冻存必须加低温保护剂。细胞冻存常用的低温保护剂是二甲亚砜（DMSO）。它是一种渗透性保护剂，可迅速透入细胞，提高胞膜对水的通透性，使细胞内水分在冻结前透出细胞外，胞外形成冰晶，细胞内的电解质浓度提高，减少胞内冰晶的形成，从而减少冰晶对细胞的冻伤。二甲亚砜常用浓度为 5%~10%，细胞液氮冻存 1~2 年后，细胞存活率可达 80%~90%。DMSO 液预先用培养液配好，避免因临时配制产热而伤害细胞。对人造血干细胞的研究证实，DMSO 有一定的毒副作用。它作用蛋白质疏水基团，可引起蛋白质变性。解冻后，细胞常见有凝聚现象，病人可出现心律失常、高血压症状。目前造血干细胞冻存时，采用 5% DMSO 和 6% HES（羟乙基淀粉，高压消毒）两种冷冻保护剂。

（二）细胞悬液冻结速度

目前提倡的二步冻结法，即先对细胞慢速冷却至一定温度（如 -30℃）（随细胞种类不同，有一定的波动范围），造成胞外冻结，胞内脱水，然后再快速降温。这种冻结方式在保存生命的实践中得到广泛的应用。

（三）冻结细胞活藏

通常用液氮贮藏活细胞。在液氮系统中，温度可达到 -196~-150℃，此温度下，

细胞所有的物理化学活动均降至最低限度。

(四) 融化速度

采用急速升温的方法使细胞吸收水分,结构不受影响,细胞获得快速复苏。即将冻结细胞管从液氮中取出,立即放入 37~38℃ 水浴中,快速转动,1 min 内使细胞融化,避免细胞内再结晶的出现。

(五) 加血清

冻存液中,常使用 5%~10% 血清,对冷冻保存细胞活性有益。

二、细胞冻存方法

(一) 准备 20% DMSO 冻存液

用 20% 小牛血清培养液配制。

(二) 细胞悬液和冻存液混匀

单层细胞培养物（冻存前一天,细胞换液）经胰蛋白酶消化后制成细胞悬液,细胞活力为 95%。调节细胞数为 $1\times10^4 \sim 1\times10^7$,1000 rpm 离心 20 s,去上清。弹指法分散沉淀细胞后,左手摇动离心管,右手逐滴加入与细胞悬液等量的 20% DMSO 的培养液（DMSO 最终使用浓度为 10%,血清使用浓度为 8%）。

(三) 分装

细胞悬液分装于 2 ml 冷冻管中（注意拧紧管盖,管不要倒下）。密封后,标记冷冻细胞名称和冷冻日期。使用国产液氮罐时,冷冻管要用白布包扎,布袋系以线绳。布表面和绳头末端再做好标记,以便日后查找。

(四) 梯度降温冻存

(1) 采用细胞冻存器能精确控制冷冻速度,即每分钟下降 1℃,降至 -30℃ 或 -40℃ 时,再以每分钟 5~10℃ 速度下降,降至 -70℃ 时,投入液氮中（见图 3-23）。

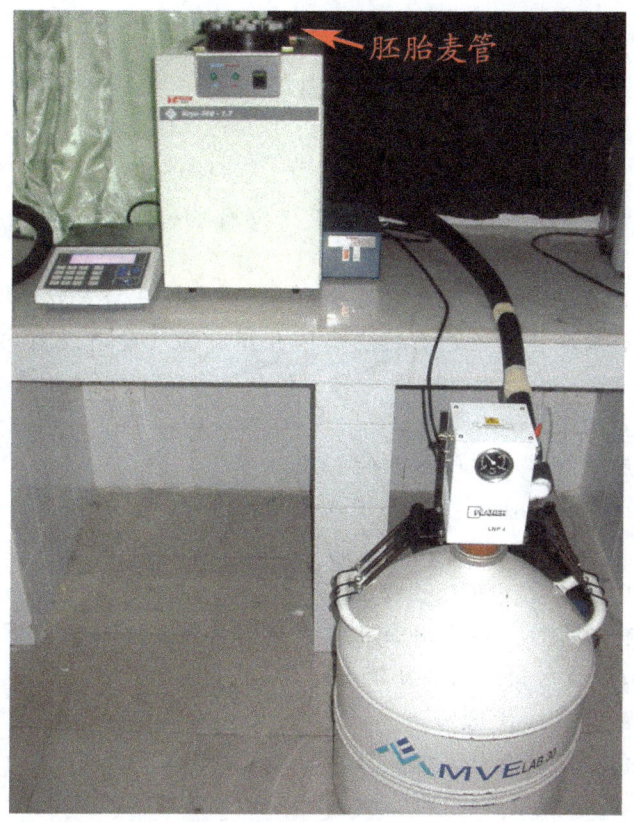

图 3-23　胚胎细胞梯度降温仪

（2）手工方法：将冷冻管悬在液氮容器口，按每分钟温度下降 1℃ 的速度，在 30~40 min 内降至 -80℃ 液氮表面过夜（切勿直接投入液氮中），次晨投入液氮中。

（3）笔者所在实验室的方法是：冷冻管置 4℃，30 min→冰水中 10 min→-20℃，30 min→-30℃，30 min→-70℃ 冰箱过夜→次晨投入液氮中。

（五）做好记录

记录冻存细胞的名称、冻存日期和液氮中的管位。

造血干细胞实验研究表明：采用 5% DMSO 和 6% HES 两种冷冻保护剂、非程控降温和 -80℃ 冰箱直接冻存细胞，冻存一年细胞临床移植效果满意，造血重建速度和传统法相比无明显差异。该法简便，费用低，便于普及。但在临床上能否替代液氮长期保存细胞、是否适合人体其他组织的原代细胞冻存，有待于进一步研究。

注意事项

（1）细胞与 DMSO 冷冻液要充分混匀，使 DMSO 对细胞的渗透作用均匀。DMSO 进入细胞内，与胞内水分子结合，减少胞内冰晶的形成，以免冰晶对细胞造成损伤。

（2）各种细胞冻存速度、冻存剂用量和种类不完全一样。

（3）冷冻管有玻璃管（盖内有胶皮垫）和塑料管（管间或盖内有胶圈）两种，使用时用力拧紧管盖。管间塑料胶圈易破，使用前一定要仔细检查。进口塑料冷冻管，盖内胶圈质量较好，使用安全。

（4）冷冻细胞体积占冷冻管体积的 1/2。

（5）用实心小木棒或实心塑料棒插入罐底部 5~10 s 后取出，结霜的长度即为液缸高度。

（6）冻存细胞活力要高（95% 以上）。

（7）DMSO 有细菌时，不能用微孔滤膜除菌，因 DMSO 破坏滤膜。Sigma 产品直接分装使用。DMSO 污染时用高压消毒除菌。

（8）2 ml 塑料冷冻管使用安全。

（9）用塑料泡沫自制多孔支架，防止冻存过程中管倒下。

（10）手工法冻存细胞时，防止冻存过程中升温变化，可将冻存管放入带冰块的保温材料中移动。

（六）组织冷冻保存方法

目前对冷冻和贮存厚层组织器官的问题仍未解决；而对某些单细胞（脾细胞、淋巴细胞、骨髓干细胞）、胰腺和肾上腺碎片（1 mm³ 大小）、皮片（0.4~0.5 mm 厚）以及角膜等薄层组织的冻存进行了大量的实验研究。对薄层组织的冻存方法是：

（1）标本经选材漂洗后，剪切成 1 mm³ 大小。

（2）加入冻存液（10% DMSO，20% 小牛血清的细胞营养液）1 ml，4℃ 冷平衡 1 h，使 DMSO 透入组织内。

（3）梯度降温 0.5~1℃/min，以下同单细胞悬液的冻存方法。

三、组织细胞短期保存方法

（一）组织块保存法

保存的方法：将标本切成 1 mm³ 大小，Hanks 液清洗，加入培养液 4℃ 保存，次日换液可空运携带。成体猴肾组织小块加 4℃ 培养液保存 24 h，细胞活力下降 50%。用同样方法保存人胚肾组织小块，细胞活力可以保持 2 周，定期换液，细胞活力可达 4 周以上。

（二）细胞悬液保存法

通常细胞在 4℃ 培养液中可保存数日或数周。因细胞悬液中有游离的不稳定的毒性物质，4℃ 时可以缓慢地杀死细胞，37℃ 数小时可杀死 90% 的细胞，所以细胞在 10~24 h 保存期间要定期换液，去除毒性物质。

（三）单层细胞保存法

此法使用降低温度、延缓细胞代谢的速率来保存细胞。如人单层羊膜细胞于 28℃ 或人肾、猴肾单层细胞于 25~30℃ 可保存 1 个月，中间换液则活力更好。传代后细胞可继续生长。细胞生长液中血清减至 0.5%~1%，细胞 37℃ 培养，有规律地换液，可保存半年以上；再恢复原血清浓度，细胞继续传代，仍可达到原有的寿命。

（四）低温冻结保存

细胞系（株）经梯度降温，-70℃ 低温冰箱可保存 1 年。

四、细胞复苏方法

方法一：
(1) 从液氮中取出的冷冻管，迅速投入 37~38℃ 水浴中充分摇动，使其快速融化（1 min 左右）。
(2) 复苏细胞加培养液直接培养。在细胞贴壁生长 24 h 前，必须去掉原培养液，加新鲜培养液继续培养。

方法二：
(1) 复苏细胞 5 min 内用 25℃ 左右血清培养液稀释至原体积的 4 倍。

（2）低速离心：300 rpm 离心 5 min；500 rpm 离心 3 min。
（3）去上清，加培养液培养。

注意事项

（1）防止玻璃冷冻管在冰浴融化后爆炸（液氮进入管内之故），在融化前不要拆除包管布袋。细胞复苏操作时应戴护目镜和口罩。
（2）复苏细胞没有污染、活力高时，通常 30 min 内贴壁。
（3）复苏细胞瓶内，常见细胞背景不清晰，有死亡细胞颗粒、碎片。此现象在经长时间运输或久冻存的细胞瓶内尤为明显。通过低速、短时间离心培养和多次换液，细胞背景逐渐清晰，细胞恢复生长特征。

五、细胞运输

（一）长距离运输（几天）

（1）选择生长良好的单层细胞或细胞悬液，去掉培养液，补充新培养液至瓶颈部，保留微量空气，拧紧瓶盖。这样可避免由于液体晃动导致的细胞损伤。
（2）瓶口用胶带密封，并用棉花包裹作防震、防压处理，放在携带者贴身口袋带回，或用包装盒空运。

（二）短距离运输（几小时）

去掉大部分生长液，仅留少量液体覆盖单层细胞，防止细胞干燥。将细胞附着面朝上带回。

（三）液氮冻存运输

利用 1 L 液氮罐或大号暖瓶装液氮，将冻存细胞管移入液氮中，这样可将细胞种子转送到其他实验室。因液氮挥发快，此法适于短距离运输。

六、引进细胞的方法

（1）通过网上或电话咨询（参见附录一），了解细胞来源、生长条件、购买条件、邮寄方式等。

（2）根据细胞生长条件准备细胞用液（培养基、消化液、血清等）、实验器材、培养方式。

（3）引进细胞到达实验室时，保留细胞生长所需的液量。无菌收集剩留的液体。镜下观察细胞的生长状态，有无污染。细胞置 CO_2 培养箱过夜，次日观察。根据细胞的生长状况、培养液颜色，继续观察或换液培养。

（4）防止外地细胞"水土不服"，首次换液时使用原培养液，以后逐渐增加自配的培养液，从 1/3→1/2→2/3 到全部自配液，使细胞逐渐适应新的培养环境。

（5）传代时提高细胞的接种数，尽量保持原细胞群的生长信息环境。一般按 1:2 传代，即使生长快的细胞系（株）也适合此点，千万不要 1 瓶传多瓶，否则细胞易死亡。

（6）当引进细胞扩增、传代形成规律时，说明细胞已适应新的培养环境，此时应冻存备用。

思 考 题

1. 组织碎块 37℃，消化 20 min 后，液体清亮，中间漂浮线形絮状物，镜检时细胞很少，请分析原因。应采取什么补救措施？
2. 组织块剪切后，瓶壁粘有许多小块，原因是什么？怎样收集它？吸管内壁粘附许多小块又是什么原因？如何避免上述现象的发生？
3. 预防动物取材污染的准备工作和操作要求有哪些？
4. 有限细胞系和无限细胞系有什么不同？
5. 细胞系和细胞株有什么区别？
6. 从细胞形态、结构上区分分化细胞和增殖细胞。
7. 防止细胞污染的措施有哪些？
8. 如何区分健康细胞和衰老细胞？
9. 某实验需同时使用 3 种细胞，而这 3 种细胞使用的是相同培养液，怎样预防细胞间的交叉污染？
10. 区分细胞内：①空泡和脂滴；②线粒体和黑颗粒。
11. 传代细胞消化合适时，细胞图像怎样？吹打手感怎样？
12. 用盖玻片条培养原代高分化细胞时，要做好哪些准备工作？
13. 细胞冻存、复苏、引进前应做好哪些准备工作（包括细胞、试剂和器材三方面）？

第四章 细胞培养研究技术

第一节 细胞的分离和纯化

一、成纤维型细胞的分离和去除

原代细胞由多种细胞组成,在体外培养的特殊环境中,这些不同细胞在形态、功能、分裂速度等方面都有很大差别。原代实验常需研究某种细胞的结构、功能或特性。成纤维细胞贴壁生长速度快,常干扰研究细胞的生长增殖。因此,细胞的分离和纯化是常用实验技术之一。

(一) 差速贴壁分离法

成纤维细胞有两个特点:① 成纤维细胞对胰蛋白酶作用敏感,组织块或传代消化时,成纤维细胞常常先脱落;② 原代游离细胞接种后,成纤维细胞贴壁速度比上皮细胞、心肌细胞快。利用两类细胞贴壁速度的差异,在单细胞悬液接种时或早期消化传代时去除成纤维细胞。

[例1] 将胰蛋白酶液消化的新生乳鼠心肌细胞混悬液,接种至加有基础营养液(不含血清)的培养瓶皿中,37℃静置 90 min 后,轻轻振荡培养瓶,将未贴壁的细胞移入另一个培养皿中,两瓶补加培养液培养。结果,第二瓶获得 90% 的心肌细胞,原瓶中的贴壁细胞主要是心肌间质细胞(心内膜细胞、血管平滑肌细胞和血管内皮细胞)。

[例2] 人胎四肢长骨,经骨胶原酶、胰蛋白酶、EDTA 液消化,37℃缓慢搅拌 10 min 后,弃去第Ⅰ群细胞(内有大量成纤维细胞),再重复 4 次消化,每次 20 min,各次分别收集细胞悬液。后 4 群混合细胞经过 30 目、80 目、100 目钢网过滤后,1000 rpm 离心 6 min。离心沉淀用氯化铵液溶解红细胞 5 min,加基础营养液至 6~8 ml,离心沉淀细胞经 D-Hanks 液清洗两次后接种培养。分离纯化的人胎成骨细胞群可以在体外培养 15 d。

[例3] 癌块消化的细胞悬液接种 1 号瓶,37℃静置 10 min,将瓶内未贴附的细

胞悬液移入 2 号瓶。2 号瓶静置 10~20 min，再将细胞悬液移入 3 号瓶，各瓶补加细胞培养液。结果，1 号瓶主要是成纤维细胞，3 号瓶主要是癌细胞，2 号瓶两种细胞各半。

［例 4］ 乳鼠胰腺消化悬液接种塑料平板培养 24 h，未贴壁的细胞移入新板中培养，新板中为较纯的胰腺细胞。

差速贴壁分离方法操作简单，收获细胞纯度高，对细胞影响小，被多数实验室所采用。注意：因血清中 PDGF 能刺激成纤维细胞生长，故差速贴壁分离细胞时，或细胞原代培养早期使用无血清营养液或低浓度血清（2%~5%）培养基，可以抑制成纤维细胞生长。

（二）化学试剂抑制法

有些化学物质对成纤维细胞的生长有抑制作用，而对培养细胞无明显影响，因此，在细胞贴壁生长或分裂后，利用这些化学物质抑制成纤维细胞生长，从而获得对培养细胞的观察和研究。

［例 1］ 心肌原代细胞接种 1.5 h，将未贴壁的心肌细胞移入新瓶中培养 4~6 h，加入 0.1 mmol/ml BudR 细胞培养液，抑制增殖的非心肌细胞生长，促进心肌细胞分化。48 h 去除 BudR 培养液，换新鲜培养液培养，心肌细胞出现跳动，从单个跳动到 3~5 个聚集同频跳动。

［例 2］ 新生大鼠海马神经细胞培养。

（1）饲养细胞的培养。大脑皮质经剔除、漂洗、剪碎成糜状，用 Hanks 制成单细胞悬液，经 200 目钢网过滤，将 10^6/ml 的细胞悬液接种到涂有鼠尾胶的培养瓶中。37℃ 5% CO_2 培养箱中培养 12 h。加 4℃ 培养液，轻轻振荡去除未贴壁的神经细胞。常规培养 16 天，形成单层胶质细胞。

（2）大鼠海马神经细胞培养。大鼠海马组织经漂洗，剪切成 1 mm^3 大小，加 0.25% 胰蛋白酶液，37℃ 水浴振荡消化 20 min。800 rpm 离心 10 min，沉淀细胞用 DMEM 培养液洗涤后，过 200 目钢网，制成海马单细胞悬液。

（3）将 5×10^5/ml 的海马神经细胞接种在单层饲细胞培养瓶中，培养 24 h 后，用 DMEM 培养液换洗一次，以后常规换液，第 4 d 时加入终浓度为 100 μmol/L 的阿糖胞苷，此时非神经细胞被阿糖胞苷抑制，不能继续进行细胞分裂，而神经细胞处于间期，不受影响。48 h 后更换新鲜培养液，海马神经细胞可继续生长 10 d。

化学试剂抑制法适用于培养时间较长、两种细胞生长并融汇成单层的情况。但加入或减少某一物质对纯化培养细胞也有一定影响。

（三）机械刮除法

原代培养细胞单层形成后，若成纤维细胞和上皮细胞交错成块状分布时，可采用机械刮除法去除成纤维细胞。具体方法是：在净化台内解剖显微镜下观察，用记号笔在瓶壁上勾画出成纤维细胞分布区［见图4-1（a）］，然后将胶皮刮伸入瓶内，刮除成纤维细胞，保留上皮细胞［见图4-1（b）］。如果数个上皮细胞晕将成纤维细胞挤成束状而不便刮下时，可用烧红的接种环或弯头吸管将成纤维细胞烫死，再用Hanks液洗1～2次后，加入完全培养基继续培养。反复处理几次，即可获得较纯的上皮细胞。若成片的成纤维细胞刮除后还有散在的成纤维细胞存在，则可结合使用差速贴壁法和不含血清的营养液，将两类细胞分离。

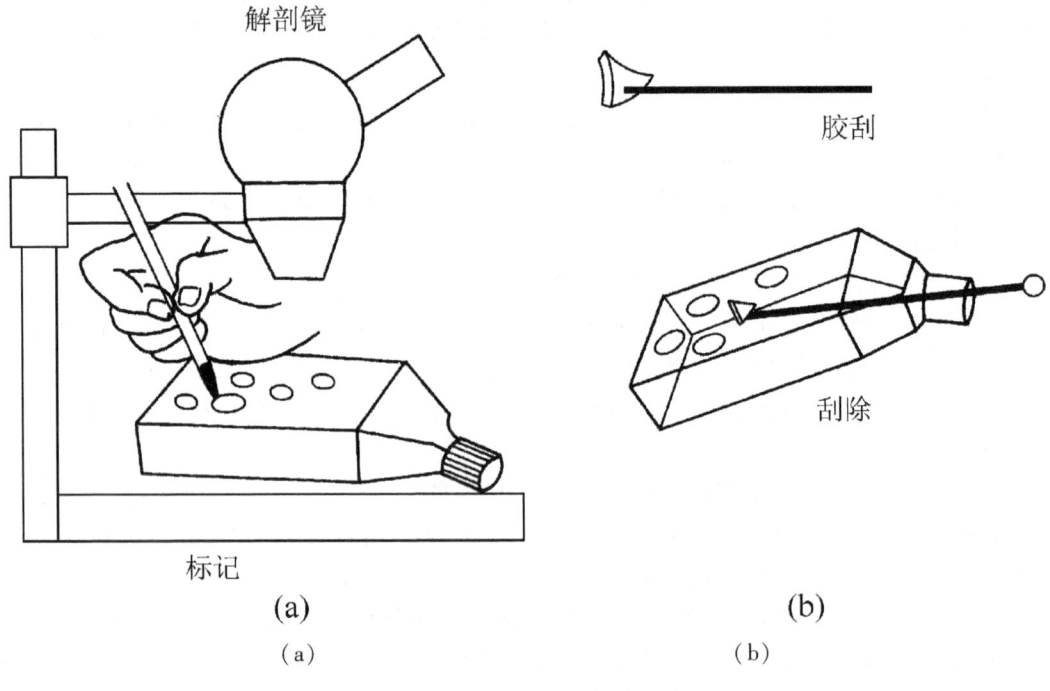

图4-1　机械刮除成纤维细胞

（四）胶原酶消化法

用0.5 mg/ml 胶原酶液消化癌碎块，破坏来自间质的成纤维细胞，可获得较纯癌细胞。

二、骨髓和外周血有核细胞的纯化

(一) 骨髓有核细胞的纯化

常用淋巴细胞分离液（Ficoll-Hypaque 比重 1.077 g/ml）分离纯化骨髓有核细胞。Ficoll 液被污染时，用高压消毒除菌。

分离步骤如下：

(1) 取材。将 1~2 ml 骨髓迅速加入含肝素（20 u/ml）的 2% 小牛血清培养液的小瓶内，轻轻混匀，避免产生气泡和骨髓凝固。

(2) 轻轻吹打，骨髓细胞散开后，移入离心管内，800 rpm 离心 10 min，用吸管将上层脂肪吸去。

(3) 细胞用培养液混匀并稀释至适当浓度。

(4) 将 3 ml 体积质量为 1.077 g/ml 的淋巴细胞分离液装入小口径的试管（直径 10 mm）内，尖吸管将骨髓细胞悬液沿管壁慢慢加在分离液上（骨髓细胞悬液：分离液 = 2:1），避免产生气泡，使两层液面保持清晰界面。如图 4-2 (a) 所示。

(5) 1500 rpm 离心 20~30 min，分层结果见图 4-2 (b)。取中间絮状的单个核细胞层移入另一试管中（注意：尽量少吸取分离液）。再加少量自身血浆（第一层），用尖细管轻轻混匀，避免产生气泡，液柱高度不超过试管的 2/3。800 rpm 离心 10 min。将有细胞沉淀的管面翻向上方，快速倾出血清，注意不可反复倾倒，以免丢失细胞。

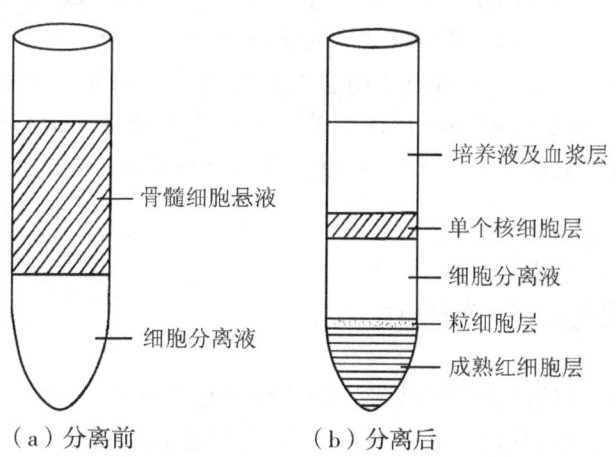

图 4-2 淋巴细胞分离液纯化骨髓有核细胞

(6) 培养液洗涤细胞两次，制成细胞悬液。计数单个核细胞数，调整细胞浓度，即可加入培养体系中培养。

（二）外周血有核细胞的纯化

将肝素（20 u/ml）抗凝的外周血用 BSS 释液 1 倍，用尖吸管沿管壁将血液缓缓加入淋巴细胞分离液中（一般 10 ml 全血用淋巴细胞分离液 3~5 ml），2500 rpm 离心 30 min。尖吸管小心吸取中间层，置于另一试管中，再加培养液 4~5 ml 轻轻混匀。500 rpm 离心 10 min。需要时重复操作 1~2 次。最后用适量培养液调节细胞至所需浓度，即可加入培养体系。

注意事项

（1）细胞培养前，单个核细胞分散度 >95%。

（2）在单个核细胞悬液制备的基础上，可进一步分离纯化 B 细胞、T 细胞。如将单个核细胞悬液（5×10^6 个细胞/ml）置于 10% 小牛血清培养液中，静置培养 30 min 后，将非贴壁细胞移入另一试管中。培养皿中贴壁细胞 90% 以上为单核细胞。非贴壁的细胞与经 AET 处理的绵羊红细胞混合离心，去上清液，留原量的 5%，按原量计算加 2% 灭活小牛血清，4℃ 放置 1~2 h 后，试管轻轻旋转，使沉淀细胞重新悬浮，细胞用尖吸管轻轻混匀后，沿管壁慢慢加在 2 ml 淋巴细胞分散液上，500 rpm 离心 30~35 min，小心吸取中间层，用培养液洗涤 3 次，即为富含 B 细胞部分。吸去中间层后的试管中，去上清液，向管底细胞沉淀中加氯化铵三羟甲基氨基甲烷缓冲液 1 ml，混匀振荡 3~5 min，待绵羊红细胞溶解后（棕红色），加培养基 4~5 ml，洗 3 次，此即为纯化的 T 细胞部分。计数至所需要的浓度，即可加入培养体系中。

三、肿瘤细胞的分离纯化

临床肿瘤标本制备的瘤细胞悬液中，除含瘤细胞外还常含有淋巴细胞、正常组织细胞，它们会干扰抗肿瘤药物的实验研究。瘤细胞的纯化方法如下：

(一) 不连续密度梯度离心法

(1) 制备瘤细胞悬液。瘤块经修剪、洗涤、剪切、消化、过 200 目钢网，制成瘤细胞混悬液。癌性胸腹水用肝素抗凝，置冷冰水中带回，4℃ 1000 rpm 离心 5 min，沉淀细胞用 BSS 洗涤 2 次，即为胸腹水瘤细胞悬液。

(2) 离心管底层加 100% 淋巴细胞分离液 2.5 ml，中层为 75%（V/V，用 RPMI-1640 基础培养液配制）的淋巴细胞分离液 2.5 ml，上层为瘤细胞原液 3ml，加样时小心操作，避免冲散分层界面，各层分布如图 4-3（a）所示，1500 rpm 离心 20 min 后，底部为红细胞和细胞碎片，上层为富含淋巴细胞，中层富含瘤细胞，见图 4-3（b）。

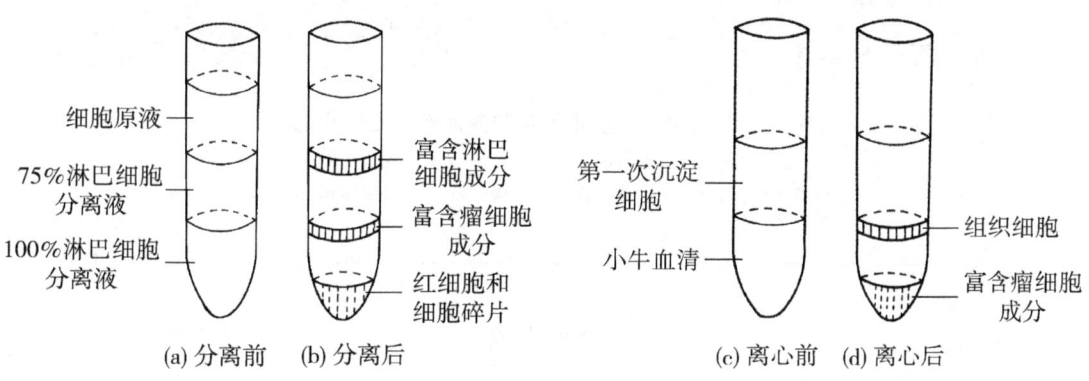

图 4-3 肿瘤细胞的纯化分离
(a) 和 (b) 图：淋巴细胞分离液纯化法；(c) 和 (d) 图：分步低速离心法

(二) 分步低速离心法

将 3 ml 瘤细胞悬液加入离心管 I 内，再用 Hanks 液稀释至 5 ml 处，1000 rpm 离心 20 s。上层液体移入离心管 II 内。沉淀细胞加 Hanks 液重悬，慢慢轻铺于装有 1ml 小牛血清的离心管 III 内，如图 4-3（c）所示。1000 rpm 离心 20 s。离心管 III 底部为富含瘤细胞部分，分层结果如图 4-3（d）所示。重复操作，可提高瘤细胞纯度。

若需分离出淋巴细胞成分，用于其他实验，则可将离心管 III 的上层液体与离心管 II 的上层液体混合，轻铺于 100% 淋巴细胞分离液上面。1500 rpm 离心 20 min。去除红细胞和碎片，中层富含淋巴细胞。

分步低速离心法能分离出富含瘤细胞成分及富含淋巴细胞成分，效果与不连续密度梯度离心法基本一致。如单一获取瘤细胞成分，则分步低速离心法简单快捷，不需特殊分离液，瘤细胞的损伤小，而且回收率高，见图 4-4。

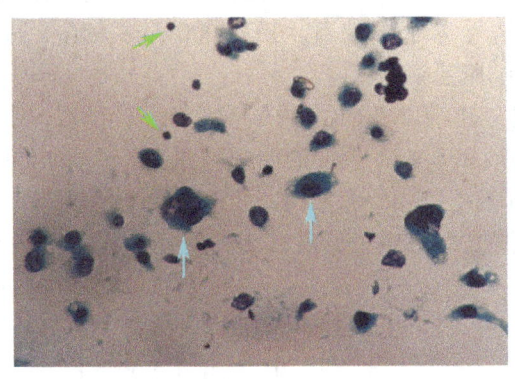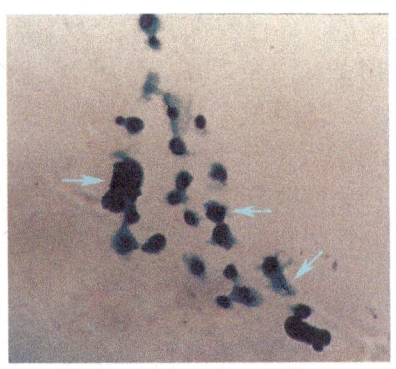

图 4-4 从肝癌患者腹水纯化肿瘤细胞（巴氏染色法）
左图：淋巴细胞分离液纯化；右图：分步低速离心纯化。
绿箭头示淋巴细胞；浅蓝箭头示肿瘤细胞（温汉平医师图版）

注意事项

（1）细胞混悬液中不含有细胞聚集物，95%的单个核细胞应处于完全游离状态，否则影响细胞的纯化。

（2）在细胞悬液中加入一定浓度的 DNA 酶或隔离剂，如牛血清白蛋白等，有利于细胞分离。

（3）提高细胞活力，4℃分离细胞。

四、单核细胞和巨噬细胞的纯化

血液、胸腹水或肝、肺组织制备的细胞悬液中，除单核细胞、巨噬细胞成分外，还有淋巴细胞、中性粒细胞、血小板、成纤维细胞、上皮细胞等。单核细胞、巨噬细胞具有贴附能力，它们极易附着在玻璃表面，可以利用差速贴壁分离法将它们与其他细胞成分分开。

（一）单核细胞的纯化

（1）抗凝外周血经 Ficoll 液分离后，收集单个核细胞层。

（2）Hanks 液清洗细胞，将 2%~5% 小牛血清培养液稀释的细胞悬液接种到培养瓶（皿）中，37℃ 5% CO_2 静置培养 30~60 min，单核细胞贴附瓶壁。

（3）将未贴壁的细胞悬液移出，收集用作淋巴细胞研究。

（4）培养瓶（皿）内加 1 ml Hanks 液，瓶壁细胞用吸管反复吹打，或用橡皮刮轻轻刮离。脱落的单核细胞加入条件培养液中培养。

（二）巨噬细胞的纯化

胸、腹水细胞或器官冲洗获得细胞悬液的纯化方法，同单核细胞的纯化。

将肝、肺组织分离单个核细胞悬液接种培养瓶Ⅰ，3~4 h 后，未贴细胞悬液移入瓶Ⅱ。各瓶继续培养 48 h，瓶Ⅰ中巨噬细胞纯度可达 95%，瓶Ⅱ中为肝上皮细胞或肺上皮细胞。

五、上皮细胞的纯化

上皮细胞常用 Ficoll 液或 Percoll 液分离纯化。

［例1］ 胰岛细胞的纯化。

（1）从动物胰脏原位灌注、消化获得胰细胞混悬液，加 Hanks 液混匀，500~700 rpm 离心 17 min。

（2）细胞沉淀与 25% Ficoll 液 4 ml 混合，取 2 ml 混合液置离心管管底，向管口方向依次缓慢加入 23%，20%，11% Ficoll 液和 Hanks 液各 2 ml，注意各液界面清楚。

（3）2000 rpm 离心 15 min。

（4）取红色界面层胰岛细胞。

成人胰岛细胞纯化实验证实，Ficoll 分离液对细胞有一定毒性，在离心纯化过程中细胞容易丢失，影响细胞的数量和活力。用 Euro-collins 液代替 Hanks 液，分离出的胰岛细胞层能较好地分离胰岛和胰外腺组织，胰岛活力恢复快，其纯度超过 90%。

［例2］ 肺Ⅱ型细胞的纯化。

（1）动物肺原位灌注、消化获得肺Ⅱ型细胞悬液。

（2）离心管底加 30% Percoll 分离液 3 ml，从管底向上依次加入 10% Percoll 液和肺Ⅱ型细胞悬液各 3 ml，1000 rpm 离心 20 min。

（3）10% 和 30% 界面层的细胞，经 DMEM 营养液清洗后，利用差速贴壁法去除巨噬细胞后培养。

六、细胞移速分离纯化

肺动脉组织小块培养时，细胞从组织块移出速度比较：组织块贴壁后，红细胞（RBC）、白细胞（WBC）首先游出；68~72 h 游离出内皮细胞；以后是平滑肌细胞、成纤维细胞和其他细胞。这样，在肺组织块培养 68~72 h 时，去掉小块，可获得较纯的微血管内皮细胞群。

第二节 培养细胞活力检测方法

一、细胞克隆形成试验

细胞克隆实验即单细胞分离培养。非整倍体无限细胞系和癌细胞株中，仍然存在不同细胞亚群，它们的功能和生长特点有些差异，其中有些亚群细胞对培养环境有较大的适应性和具有较强的独立生存能力，细胞克隆率高。用细胞克隆方法可纯化它。纯化细胞群来自一个共同的祖细胞，形成细胞遗传性状、生物学特性相似的细胞株（系），有利于实验研究。单个细胞同化营养的能力不如细胞群体，原代培养细胞和二倍体有限细胞系，细胞克隆比较困难。细胞克隆化培养之前，应先测定细胞克隆形成率，以了解细胞在极低密度条件下的生长能力。在细胞克隆率实验的基础上，再用特殊方法分离单细胞。细胞克隆形成率方法常用于抗癌药物敏感试验、肿瘤放射生物学试验等。

（一）克隆形成率试验

单个细胞在体外增殖 6 代以上，其后代所组成的细胞群体，称为克隆。每个克隆含有 50 个以上的细胞，大小在 0.3~1.0 mm 之间。细胞克隆形成率表示细胞独立生存能力。方法是将低密度细胞接种在不同底物上。分离目的不同，细胞接种的底物也不同（见表 4-1）。

表 4-1　器皿、底物与细胞克隆分离

器皿与底物	适用目的
多孔培养板	单细胞分离
培养皿	细胞克隆形成率
单、双层琼脂	单细胞分离
饲细胞层	单细胞分离，克隆形成率

1. 平板克隆率试验

本法适用于贴壁生长细胞克隆率的测定。其操作方法如下：

（1）细胞悬液反复吹打，使细胞充分分散，单个细胞分散率应在 95% 以上。细胞稀释密度为 10 个细胞/ml，平均 1 个细胞/0.1 ml。

（2）将 50，100，200 个三种细胞数，用微量加样器分别接种含 10 ml 预温的培养皿中（培养皿直径 9 cm）。十字方向轻轻晃动培养皿，使细胞分散均匀。

（3）细胞置 37℃ 5% CO_2 培养箱中培养 2~3 周，中间根据培养液 pH 变化，适时更换新鲜培养液。

（4）当培养皿中出现肉眼可见克隆时，终止培养，弃去培养液，BSS 小心浸洗 2 次，空气干燥。甲醇固定 15 min，弃甲醇后空气干燥。用 Giemsa 应用液染色 15 min，流水缓慢洗去染液，空气干燥。显微镜下计数大于 50 个细胞克隆数，然后按下式计算克隆形成率：

$$克隆形成率（\%） = （克隆数/接种细胞数）\times 100$$

2. 双层软琼脂克隆率试验

本法适用于非锚着依赖性生长的细胞，如骨髓造血干细胞、肿瘤细胞株、转化细胞系等单细胞的分离研究。利用琼脂液无粘着性又可凝固的特性，将肿瘤细胞混入琼脂液中，琼脂液凝固使肿瘤细胞置于一定位置，琼脂中肿瘤细胞可能向周围作全方位的移动，因此可以用来检测肿瘤细胞的主动移动能力。肿瘤细胞在适宜培养基中又可以增殖，从而可以测定肿瘤细胞的克隆形成率。本法的缺点是难以辨清克隆内细胞的确切数量。常用双层琼脂培养法检测转化细胞和肿瘤细胞，其操作方法如下：

（1）调整细胞悬液，使其细胞密度为 1×10^3 个/ml。

（2）制备底层琼脂，将高压灭菌（0.15 MPa 灭菌 30 min）1% 琼脂移入 45~50℃ 水浴中，待琼脂冷至 45~50℃ 时，与 37℃ 新鲜细胞培养液等体积混匀成 0.5% 琼脂后，立即将预温 37℃ 1.5×10^7/ml 饲细胞与琼脂充分混匀，接种 24 孔培养板均匀铺底，每孔含 0.8 ml。室温 15 分钟琼脂凝固。剩余琼脂置 40℃ 水浴中保温。

（3）制备上层琼脂：①将瘤细胞悬液稀释成三种细胞密度（24 孔培养板，每孔 50，100，150 个细胞）。②三种瘤细胞液分别与 40℃ 0.5% 琼脂等积混匀成 0.25% 半固体琼脂。③立即将细胞半固体琼脂接种预先铺好饲养层的 24 孔培养板中，三种密度细胞各接种 8 孔，每孔 0.8 ml。瘤细胞单个均匀分布。琼脂室温 15 min 凝固。

（4）37℃ 5% CO_2 温箱静置培养 2~3 周。

（5）在倒置显微镜下计数直径大于 75 μm 或含 50 个细胞以上的细胞克隆数，再折算成克隆形成率。

3. 单层琼脂平板克隆率试验

本法培养基由一层琼脂构成，细胞在琼脂表面形成克隆。其操作方法如下：

（1）4% 高压灭菌的琼脂（经纯化处理，或购买同级产品）冷却至 45℃ 左右，与同温 2 倍的细胞培养液按 1:1 的体积混合，制成 2.0% 琼脂培养基。

（2）直径 90 mm 平皿中加入 2.0% 琼脂培养基 10 ml，直径 60 mm 平皿分装 3~4 ml，室温凝固。待多余水分蒸发后用胶带密封平板琼脂，置 4℃ 冰箱可保存 1 周左右。接种前，琼脂平板提前取出，置室温 1 h，使琼脂表面水分蒸发。

（3）直径 90 mm 琼脂平板上接种细胞悬液 0.2 ml，直径 60 mm 平板上接种细胞悬液 0.1 ml（1×10^3/ml）。

（4）小心地将琼脂平面倾斜，并用 6 mm 厚玻片边将细胞均匀地涂布于琼脂表面。

（5）37℃ 5% CO_2 温箱静置培养 2~3 周，在倒置显微镜下计数琼脂表面生长的细胞克隆数，再折算成克隆形成率。

注意事项

（1）琼脂含酸性硫酸粘多糖，对大多数细胞生存贴壁有一定抑制作用，但对病毒转化细胞和恶性细胞无大影响。琼脂糖是琼脂去多聚阴离子产物，不能在琼脂中生长的细胞应选用琼脂糖培养。

（2）细胞悬液中，细胞分散度 >95%。

（3）吸管等实验器材用前 37℃ 预热，可减少琼脂吸附于管壁。

（4）琼脂与细胞相混的温度不要超过 40℃。

（二）提高单细胞克隆形成率的方法

细胞在低密度条件下培养，生存率明显下降，无限细胞系和肿瘤细胞株的克隆形成率一般在10%以上；但初代培养细胞和有限细胞系的克隆形成率仅为0.5%~5%，甚至为零。因此，必须采取措施才能提高细胞克隆形成率。

1. 选择合适的培养基

为了提高克隆形成率，要选择适当的培养基。如原代培养细胞克隆多选用Ham's，F10，F12，F12M培养基；人成纤维细胞生长选用MCDM105；CHO细胞系选用MCDB301等。

2. 选高效优质血清

以胎牛血清最好，小牛血清和马血清次之。血清经细胞克隆形成率试验选出。

3. 制备适应性培养基

（1）培养同源细胞至半汇合状态时（指数增生期）换培养液。继续培养24~48 h后，取出所有培养液。

（2）培养液4000 rpm离心10 min，上清液即为适应性培养基，-20℃贮存备用。

（3）使用前，适应性培养基1份与培养基2份混合即成条件培养基。

4. 制备饲养细胞

为了促进细胞形成克隆，通常制备饲细胞层，依靠饲细胞提供某些物质，以刺激细胞克隆生长。饲细胞依实验要求而定。其制备过程如下：

（1）将原代培养的人或动物胚胎成纤维细胞悬液（10^5个/ml）接种传代。

（2）传代细胞长至半汇合状态时，用0.25 μg/ml的丝裂霉素C（按2 μg/10^6个细胞的量计算）作用16 h左右，或25 μg/ml的丝裂霉素C作用1 h，也可用射线照射细胞。上述处理后更换培养液，细胞继续培养24~48 h，即可用于细胞克隆。经射线照射或丝裂霉素C作用后，饲细胞便失去分裂能力，但仍然生存并有同化营养液的能力。当被克隆的细胞散在饲细胞上与其接触后，饲细胞混入克隆细胞群中，饲细胞提供某些物质，刺激培养细胞克隆生长。如饲细胞选自鼠，被克隆的细胞来自人细胞，两种细胞从染色体上鉴别。注意：用饲细胞层克隆细胞时，同时设只有培养细胞的对照组。

5. 加促细胞克隆形成物质

必要时在培养基中添加胰岛素、地塞米松等促细胞克隆形成物质。

6. 选用合适的生长基质

不同的细胞易于贴附在性质不同的器皿上，合适的生长基质有利于细胞平板克隆形成。如人或鸡成纤维细胞在塑料器皿上生长时克隆率增加。此外，纤粘素、胶原、层粘连蛋白等都能使细胞粘着性增加，提高细胞克隆形成率。骨骼肌细胞和神经细胞在胶原基质上生长时,细胞背景清晰,成纤维细胞污染少。

(三) 单细胞克隆化培养

从细胞克隆形成率实验了解到细胞在极低密度下的生长能力和需要的合适培养基,由此可进一步进行单个细胞的克隆化培养。

1. 有限稀释法(多孔板细胞克隆法)

(1) 计算细胞密度。先用培养液稀释细胞悬液至每 ml 含 7~8 个细胞,再经稀释,最后细胞密度有 0.2 ml 中含有 3 个细胞(A),0.1 ml 中含有 1 个细胞(B)两种。

(2) 接种 96 孔培养板。一半孔加入 0.2 ml A,另一半孔加入 0.1 ml B。

(3) 确认并标记 1 个细胞孔。各孔补加 0.1 ml 培养液或适应性培养液。

(4) 37℃ 5% CO_2 培养。生长快的细胞 4~5 d 换液,生长慢的细胞 7~8 d 换液。

(5) 扩大培养。杂交细胞筛选时,适时检测培养上清,阳性孔中细胞数增为 500~600 个时(约占孔底面积的 1/3~1/2),将细胞转移到培养瓶(皿)或 24 孔培养板中扩大培养。

(6) 重复进行下次克隆培养,直至新群体形成后,改用常规培养法培养。

注意事项

(1) 待克隆的细胞分散度应大于 95%。

(2) 确认细胞时,孔底边缘细胞常因折光观察不清而不能确认时,不要计算。标记孔底平坦区单个细胞孔。

(3) 选用合适的生长基质。

(4) 参阅第三章第三节中的"细胞生长曲线"内容。

---

2. 平板克隆法

(1) 盖玻片法:①将待克隆的单细胞悬液浓度调至 5 ml 中含 50~250 个细胞。②在直径 60 mm 平皿中放入数十块 0.25 cm^2 无菌小盖玻片,先加培养液,后加细胞混匀。培养一定时间后,将一个细胞的克隆玻片移入 24 孔培养板扩大再培养。

(2) 套环法:①在倒置显微镜下标记单个克隆,然后在超净工作台内吸去培养液,将一端涂少量灭菌硅脂的金属套环套住标记克隆。②在套环内滴加少量的消化液。③将消化后的细胞移入 6 孔或 24 孔培养板扩大培养。

3. 软琼脂克隆法
（1）在软琼脂克隆实验基础上，在倒置显微镜下做好克隆标记。
（2）用毛细吸管吸取软琼脂中生长的单个克隆，移入小试管中吹打，使细胞从琼脂中释放出来。
（3）将分散细胞移入不含琼脂的培养液中，转入合适的培养器皿中扩大培养。

4. 单细胞显微操作法
（1）用化学法或 ^{60}Co 照射制备饲养细胞。
（2）饲细胞浓度调节为 2 ml 培养液中含 1000~3000 个细胞，加入 96 孔培养板中，每孔 10~30 个细胞。
（3）自制毛细吸管将待克隆的单个细胞接种 96 孔培养板。
（4）37℃ 5% CO_2 培养，当细胞克隆扩增到孔底面积 1/3~1/2 时，即可将细胞转移，进行扩大再培养。

二、细胞活性染色法

（一）死、活细胞鉴别试验

参阅第三章第四节相关内容。

（二）凋亡细胞检测（见图 4-5）

1. 凋亡细胞光镜形态特征
细胞凋亡是培养细胞群中细胞死亡的一种方式。在光学显微镜下，凋亡细胞有如下特征：细胞收缩，体积变小；胞质浓缩，内质网扩张，细胞膜突起小泡；细胞核缩小，核仁消失；染色质浓集在核膜内侧，呈半月形核；细胞核裂解的碎块被膜包裹成泡样凋亡小体。

2. Hoechst/PI 双荧光素染色法检测
培养细胞漂洗后，用 Hoechst/PI（propidium Iodiue 碘化丙啶）双荧光染色。Hoechst 33342 是一种与 DNA 特异结合的活性染料，能透入细胞膜，可选择性地与 DNA 小沟富含 A=T 序列结合，使正常细胞呈现较为均值的蓝色荧光。细胞膜损伤时，PI 红色染料进入细胞内。根据细胞形态特征和蓝色、红色荧光强弱区分正常活细胞、凋亡细胞和死细胞。

（1）试剂：Hoechst 33342 贮存液（1 mg/ml，0.01 M PBS 溶解）；PI 贮存液（5 mg/ml，0.01 M PBS 溶解）。

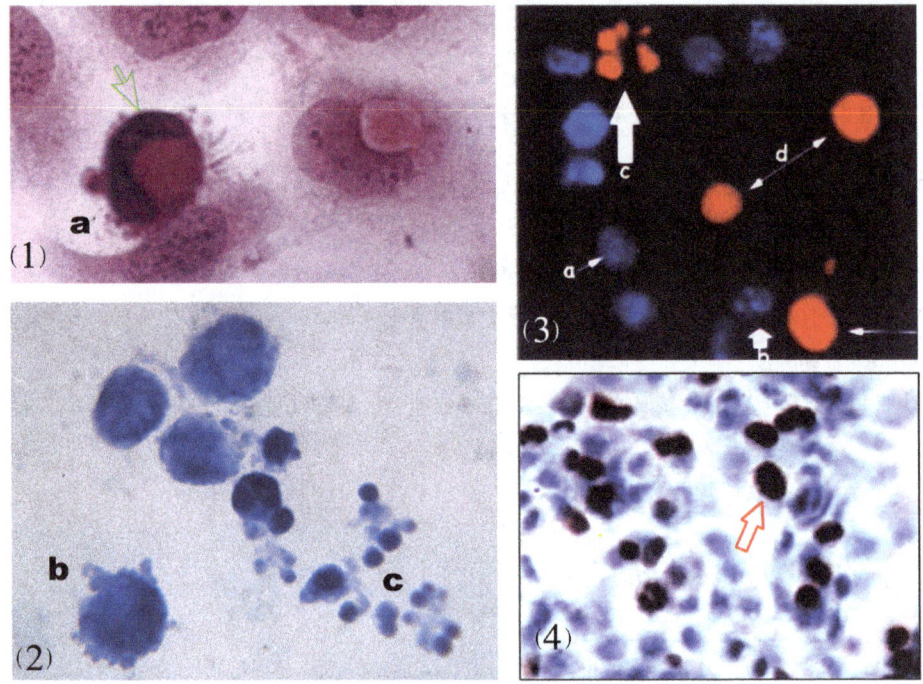

图 4-5 凋亡细胞光镜形态特征

(1) 早期凋亡细胞示半月形核，HE 染色
(2) 晚期凋亡细胞示细胞膜小泡（b）和凋亡小体（c），甲苯胺蓝染色
(3) Bukitt 淋巴瘤细胞 As_2O_3 处理后，Hoechst/PI 双重染色
　　a. 正常活细胞；b. 早期凋亡细胞；c. 晚期凋亡细胞；d. 死细胞（陆地博士图版）
(4) 神经母细胞瘤细胞 As_2O_3 处理后，免疫组化染色。凋亡细胞核棕黑色（蔡志明博士图版）

(2) 操作步骤：①细胞低速离心，PBS 漂洗后，按 5×10^6 个细胞/ml 接种于新鲜培养基中。②细胞与 Hoechst（10 μg/ml）37℃ 孵育 15 min。③低速离心后，再用 PBS 漂洗一次。④调节细胞密度为 $5 \times (10^6 \sim 10^7)$ 个/ml，加入 PI（50 μg/ml）后，立即上机检测。⑤荧光显微镜观察（激发滤光镜波长为 330~380 nm，吸色滤光镜波长为 420 nm）。

(3) 结果：

正常活细胞：细胞膜完整，细胞呈均质深蓝色荧光。

早期凋亡细胞：细胞膜结构未明显改变，但膜通透性增加，PI 少量渗入。Hoechst 33342 进入量较正常细胞多。细胞核 DNA 片断化，细胞呈现多个亮蓝色团块。

晚期凋亡细胞：细胞膜完整性破坏，PI 红色染料进入细胞内，与凋亡小体结合，细胞核呈多个亮红色团块。

死细胞：细胞膜破裂，细胞呈均质红色强荧光。

三、细胞四唑盐比色法

四唑盐（MTT）的商品名为噻唑蓝，化学名为 3 -（4，5）- 2 - 唑噻 -（2，5）- 二苯基溴化四氮唑蓝，外观淡黄色。MTT 比色法的原理是活细胞中脱氢酶能将四唑盐还原成不溶于水的蓝色产物甲臜（Formazan）颗粒，并沉淀在细胞中，而死细胞没有这种功能。二甲亚砜（DMSO）能溶解沉积在细胞中的蓝紫色结晶物，溶液颜色的深浅与所含的甲臜量成正比。再用酶标仪或微孔板比色仪测定 OD 值，其测量值反映线粒体的功能。每个条件设 3~4 个孔，4 个孔的平均值为该处理组值。MTT 法简单快速、准确，广泛应用于新药筛选、细胞毒性试验、肿瘤细胞敏感性试验。它与软琼脂克隆实验、^{3}H-TdR 渗入法、细胞计数法等相关性好。

（一）试剂和器材

(1) MTT 溶液。100 mg MTT 粉溶于 50 ml 0.01 mol/L PBS（pH 7.4）中，磁场搅拌 30 min，过滤除菌，配制成 2 mg/ml 的 MTT 液。分装，-20℃避光贮存。

(2) 分析纯二甲亚砜（DMSO）。

(3) 细胞培养基。

(4) 96 孔培养板。

(5) 酶联检测仪、微孔板振荡器。

（二）操作步骤

(1) 单细胞悬液接种 96 孔平板，10^3~10^4/孔，每孔培养基总量 200 μl（96 孔培养板每孔容积为 370 μl），37℃ 5% CO_2 培养一段时间后（根据实验目的决定培养时间）加入 MTT 液（20 μl/孔），继续培养 4 h。

(2) 吸出孔内培养液，加入 DMSO 液（150 μl/孔）。室温下，平板置微孔板震荡器上震荡 10 min，使结晶物溶解。

(3) 酶标仪检测各孔 OD 值（$\lambda = 570$ nm）。记录结果，绘制细胞活力曲线图。

注意事项

(1) 细胞接种浓度预选。一般情况下，96 孔培养板孔内，当细胞贴壁长满时贴壁细胞约有 10^5 个，但不同细胞贴壁生长后所占面积差异很大。因此进行 MTT 试验时，应先对细胞测试贴壁率、倍增时间以及在不同接种细胞数条件下的生长曲线，然后确定试验中每孔的接种细胞数和培养时间，这样保证终止培养时不致细胞过满，使 MTT 结晶形成量与细胞数呈良好的线性关系。

(2) 由于培养基中血清、酚红颜色影响测定孔的光吸收值，降低了试验的敏感性，可采用快速翻转培养板方法，甩去培养孔内多余的培养液。

(3) 悬浮型生长的细胞在 MTT 液培养 4 h 后，先用带夹板的离心机（如 SIGMA 4Q15 型）4℃ 3000 rpm 离心 15 min，使悬浮细胞紧贴培养板，然后甩去培养孔内的液体。若无此类离心机，则要小心地去除培养液。

(4) 设空白对照孔。试验中设不加细胞只加培养液的空白对照孔，其他操作与实验组一致。

(5) 细胞接种操作。①选用小口宽底 12~15 ml 瓶（如西力辛瓶）混匀细胞，减少细胞下降速度。②接种前，每次混匀次数相同。③用微量加样器接种。④加样操作短时间完成，避免培养液蒸发造成细胞浓度差异。⑤加盖后，倒置显微镜下检查，过多过少的细胞孔做标记。各孔细胞数差异大时，应重新操作。

第三节 细胞形态学研究方法

一、培养细胞的固定

细胞固定的目的在于迅速终止组织内各种酶活性，防止细胞自溶，保持组织细胞完整的形态结构，使细胞内化学物质和酶能准确定位。

（一）细胞培养物固定前的处理

各种细胞培养材料如盖片培养物、单层培养物、悬浮培养物等，都可进行固定染色。盖玻片条取出后经 4℃冷 Hanks 液轻轻漂洗多次，洗去血清和附在细胞表面的死细胞残渣。悬浮培养细胞经低速离心去除血清,再用冷 Hanks 液清洗,低速离心后涂片。

(二) 常用固定液

甲醇、酒精、丙酮、甲醛、戊二醛和锇酸等是细胞常用的固定剂。但不同的化学物质所保存细胞的化学成分、酶活性、保存结构的细腻度均不相同,应根据检查内容对固定液加以选择。如显示多糖常用无水酒精固定,显示酶类多用甲醛缓冲液或丙酮固定。

1. **4% 甲醛**

| 甲醛 (37% ~40%) | 10 ml |
| 蒸馏水 | 90 ml |

2. **4% 中性甲醛磷酸盐缓冲液**

能保存多种蛋白质或酶类,其渗透力强,组织细胞收缩较少。经固定的组织细胞核染色好,但胞浆着色差。

福尔马林 (40%)	10 ml
无水 Na_2HPO_4	0.78 g
无水 NaH_2PO_4	0.42 g
蒸馏水加至	90 ml

甲醛为无色气体,溶于水就成甲醛水溶液,商品名为福尔马林。市售福尔马林含 37%~40% 甲醛。福尔马林久存则产生白色的三聚甲醛沉淀,经氧化变成甲酸使溶液呈酸性,酸性福尔马林使固定的组织嗜酸性,影响细胞核的嗜碱性染色。简单方法是在甲醛溶液中加入 2 cm 厚的碳酸镁、碳酸钙,振荡后放置 24 h,取上清液使用。中和甲醛久存易恢复酸性。用缓冲液配制甲醛液能保持 pH 7.0 左右。标本取后,勿使其干燥,切成 2 cm×2 cm×0.4 cm 大小块,加适量固定液固定 6~12 h,流水冲洗过夜,酒精上行梯度脱水,起始浓度为 30%。固定时间较长的组织,则需经 24~48 h 流水冲洗,不然标本因甲酸的沉淀而影响染色效果。

3. **Bouin 氏固定液**

用于固定双盖片培养的标本,固定 30 min 后,用 70% 酒精褪去苦味酸黄色,如不立即染色,可将标本保存在 70% 酒精中。本试剂适合组织细胞的糖原的固定。

饱和苦味酸 (100 ml 水中加 1.2~1.4 g 苦味酸)	75 ml
福尔马林 (40% 甲醛)	25 ml
冰醋酸	5 ml

配制方法如下:先将饱和苦味酸过滤,加入甲醛(有沉淀者禁用),最后加入冰醋酸,混合后存于 4℃ 冰箱中备用。Bouin 氏固定液对组织细胞的穿透力较强,固定效果较好,细胞结构完整。该液偏酸(pH 3.0~3.5),对抗原有一定损害。

4. FAA 固定液

用于盖片条细胞培养物的固定，主要固定核蛋白。细胞盖片置 4℃ FAA 液的气相中，固定 24 h，细胞形态极佳。

80% 酒精	10 ml
冰醋酸	5 ml
中性福尔马林	5 ml

5. Carnoy 固定液

临用前配制，是较好的非水溶性固定液，其穿透力强而快，适用于核蛋白、粘多糖和催乳素等物质的固定。

纯酒精	60 ml
氯仿	30 ml
冰醋酸	10 ml

6. 甲醇冰醋酸固定液

适用于细胞组织小块的固定，能较好地固定核蛋白。细胞固定后 Giemsa 染色，效果极佳。此液使用前将 3 份甲醇与 1 份冰醋酸混合。

7. 4% 多聚甲醛磷酸盐缓冲液

在 50 ml 0.01 mol/L 磷酸盐液（pH 7.4）中加入多聚甲醛 4 g，加热至 60~70℃ 时，边搅拌边逐滴加入 2 mol/L NaOH 液，至液体清晰透明，再用 1 mol/L HCl 调节 pH 至 7.4，冷却后再加 0.01 mol/L PBS 至 100 ml，4℃ 保存。组织块或血块 4℃ 固定 2~3 h，再用冷的 0.01 mol/L PBS 洗 2~3 d，每天换液 2~3 次。本试剂适合肾纤维蛋白的固定。

8. 丙酮

组织化学研究中常用丙酮固定单层细胞。

9. 95% 酒精

用 100% 酒精稀释，用来固定组织小块或细胞。组织小块用 95% 酒精固定 24 h，换液继续固定 24 h，最后标本放于 100% 酒精中保存。

（三）细胞爬片的固定

1. 准备

准备青霉素瓶、眼科弯镊、培养皿、固定液、PBS、吸管、吸水纸、废瓶。标本要求细胞结构清晰，立体感强，细胞间有空隙。通常收集换液后第二天标本。

2. 固定液

爬片上细胞常用丙酮、95% 酒精、甲醇，在普通冰箱结冻室 -20~-10℃ 固定 15

~30 min。在 FAA 液气相 4℃ 固定 24 h。细胞表面抗原用 4% 多聚甲醛 4℃ 固定 30 min。细胞内抗原经 4℃ 4% 多聚甲醛固定、冷 PBS 洗后，再用 0.1% Triton X-100 处理（4℃ 10 min），增加抗体的穿透力。细胞聚苯乙烯培养物，用 4% 多聚甲醛，4℃ 固定 30 min（注意：不能用有机溶剂如丙酮固定）。细胞测试荧光的标本用 -20 ~ -10℃ 95% 酒精或丙酮固定 30 min。

3. 固定方法

（1）细胞爬片置冰上冷却，吸去培养液。

（2）爬片置培养皿中，从非细胞区加入 4℃ PBS，使液体盖满标本。更换冷 PBS 3~4 次，去除培养液中的血清、蛋白质等物质，减少非特异性染色。注意玻片背面的漂洗。

（3）吸去皿中多余 PBS，空气干燥，当细胞面微潮湿时（注意细胞面不可以干），从非细胞区加入冷固定液（减少细胞脱落和固定收缩），使固定液盖满细胞面。以后更换固定液 2~3 次，这样使被固定的细胞保持自然状态。

（4）固定标本自然干燥后，贮存于 -20℃ 低温冰箱中。

注意事项

丙酮、甲醇、甲醛、酒精等固定液是易挥发的有毒液体，实验者要戴眼罩、口罩、手套，在通风的地方操作。

二、培养细胞常用染色法

培养细胞常用的染色法如图 4-6 所示。

（一）瑞氏（Wright）染色

1. 染剂配制

瑞氏粉	0.1 g
甲醇（AR）	60 ml

配制时先将瑞氏粉置研缸内加少量甲醇，仔细研磨，使其充分溶解。然后加甲醇至定量，保存于有塞棕色瓶内，放置 1 个月即可应用。此种染液放置越久，染色越佳。

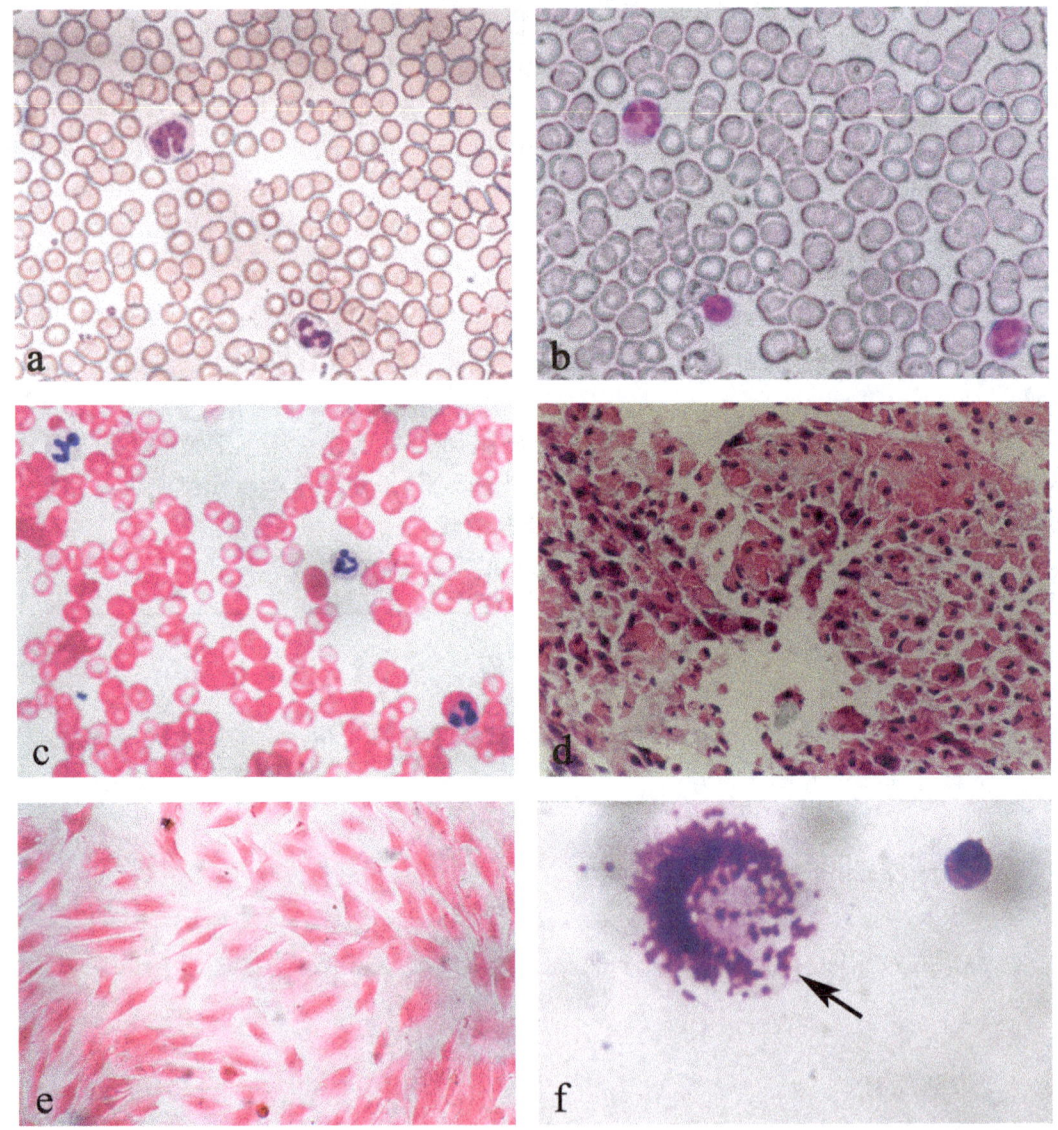

图4-6 细胞常用染色法

a. 血涂片Wright染色;b. 血涂片Giemsa染色;c. 血涂片甲苯胺蓝、伊红、Giemsa染色;
d. 小鼠心肌切片HE染色;e. 大鼠成骨细胞伊红染色;f. 小鼠腹腔肥大细胞甲苯胺蓝染色

2. 缓冲液配制（pH 6.4）

磷酸二氢钾（KH_2PO_4）	6.63 g
磷酸氢二钠（$Na_2HPO_4 \cdot 2H_2O$）	3.20 g
蒸馏水	1000 ml

3. 染色

（1）血涂片：取 2~3 mm³ 大小血滴，于清洁玻片一端（玻片不接触皮肤）。另取一推片，从血滴前方向后拉，并左右移动使玻片末端形成线形粘血。两片形成 20°~45°角，右手拇、食指沿涂片边缘均匀用力向前推，使血液在玻片上形成一层薄膜。

（2）血涂片快速煽动干燥后，置水平架上用甲醇或乙醇固定 10 min。

（3）染液盖满标本 1~2 min，加等量缓冲液或蒸馏水，用洗耳球轻轻混匀，使染色液混合。

（4）继续染色 4~10 min。冲洗血片时，玻片层保持水平，使浮在液面的色渣从玻片边缘溢出，以免色渣附着在血膜上。

（5）结果：红细胞桔红色，白细胞核紫红色，嗜酸颗粒鲜红色，嗜碱颗粒蓝紫色，中性颗粒紫色或紫红色，淋巴及单核细胞浆蓝灰色，血小板紫色。

注意事项

（1）涂片扇干染色。未干血片水洗时标本易脱落。

（2）涂片加染料时间。涂片加染料后，冬天间隔 1~2 min，夏天间隔 0.5 min 后加等量稀释液混合。天气潮湿染料宜少加，天气干燥染料宜多加，否则甲醇挥发，染料沉淀附在细胞背景上。

（3）涂片加稀释液后的染色时间。夏季 3~4 min，冬季 10~15 min 或更长时间。

（4）标本染色时间的判断方法。低倍镜下以细胞结构清晰为度。加稀释液一定时间后，标本放手背上，标本呈深紫色时即可以停止染色。若染色时间过短，细胞核淡染或呈核痕迹。若染色时间过长，核紫黑色，染色质结构不清，核仁模糊；染色过深片，可用 95% 酒精退色。

（5）及时染色。涂片放置时间过长，细胞难染色，又易长霉菌。染色时，玻片支架不平，高处细胞着色不良，常有染料沉淀。

（6）血滴小、推片角度小、推片速度快，可获得细胞分散薄血片。

（7）甲醇质量影响细胞染色的效果，注意选购。

(二) 吉姆沙（Giemsa）染色法

培养于盖玻片上的细胞，常用甲醇冰醋酸固定后，吉姆沙染色观察。

1. 试剂

（1）甲醇冰醋酸固定液：3 份甲醇和 1 份冰醋酸混合，临用前配制。

（2）pH 7.0 磷酸盐缓冲液。①1/15 mol/L Na_2HPO_4。9.41 g Na_2HPO_4 溶解于少量蒸馏水中，最后定容至 1000 ml。②1/15 mol/L KH_2PO_4。9.08 g KH_2PO_4 溶解于少量蒸馏水中，最后定容至 1000 ml。将①液 62 ml 和②液 38 ml 混合即成 pH 7.0 磷酸盐缓冲液。

（3）染色液。

Giemsa 贮存液：

Giemsa	0.5 g
医用甘油	33 ml
甲醇	33 ml

Giemsa 先用少量甘油研磨，甘油加至定量后，放在 56℃ 水浴中 90 min，再加入 33 ml 甲醇热过滤，棕色瓶保存。

Giemsa 应用液：1 ml pH 7.0 磷酸盐缓冲液加 Giemsa 贮存液 1 滴（用滴瓶管加）。

2. 固定染色

（1）辨认盖玻片细胞生长面（对光观察，细胞面发亮），用冷 Hanks 液轻轻漂洗玻片 4 遍（注意玻片背面的漂洗）。

（2）标本未完全干燥时，将它置青霉素瓶口上，用甲醇冰醋酸固定液固定 10 min，中间换一次固定液。

（3）固定后玻片条经空气干燥后，置另一个青霉素瓶口上。

（4）加 Giemsa 应用液染色 15 min。

（5）流水冲洗 3 min，空气干燥。中性树胶封片。摄影标本要求参阅第四章第五节。

注意事项

（1）细胞固定后盖玻片要干燥后染色（注意夹镊子部位干燥），否则残留固定液会使局部浅染、不染、或染成褐色。

（2）染色完毕，不能先倒去染料后冲洗。因为随染色时间延长，染液表面常形成一层氧化膜，先倒去液体，这层氧化膜易附在片上形成污渣，不易被水冲掉，结果使细胞和背景都不清晰。另外，染液加得过多，液体易流走，或因实验时空气干燥液体挥发快而使染液干燥，这两种情况都可以使氧化膜附在标本上。正确的冲洗方法是：小量流水从盖片一端流下，染料漂起并随流水冲走（科研中流水冲洗的时间与染料有关）。

（3）染色冲洗后的标本要干燥后封片，否则中性树胶封片后，残留的水与胶作用，使标本局部呈现乳白色混浊。

细胞 Giemsa 染色的结果与瑞氏染色基本相同，细胞核紫红色，胞浆呈灰蓝、蓝、红或多色性，核仁染深蓝色。

剥离细胞染色：单层培养细胞若需与原患者的材料进行比较时，如培养的肺癌细胞与气管拭子涂沫细胞进行比较，由于附着玻璃表面的单层培养细胞显得大而薄，细胞染色后与患者材料的细胞形态不一致，此时用橡皮刮把培养细胞剥离、离心，取细胞沉淀涂片，Giemsa 染色比较，两者形态比较一致。若与组织切片进行比较，可将剥离细胞的离心团块，用甲醛固定，石蜡包埋，苏木精、伊红染色法染色后比较。

（三）苏木精（Heimatoxylin）、伊红（Eosin）染色法（HE 染色）

1. 苏木精染液

组织切片和细胞研究中最常用的是苏木精-伊红（HE）染色。苏木精配方很多，常用的是 Harris 苏木精染液：

苏木精	1 g
95% 酒精	10 ml
钾矾或铵矾	20 g
蒸馏水	200 ml
氧化汞	0.5 g
冰醋酸	8.0 ml

配制步骤如下：

（1）苏木精溶于酒精。

（2）钾矾加温溶解烧瓶后，将步骤（1）液倒入，继续加热 1 min。

（3）加热停止后，缓慢加入氧化汞 0.5 g，再继续加热煮沸 1 min。

（4）迅速将烧瓶移入冰水内。染液冷却呈深色时，加冰醋酸过滤后即可使用。棕色磨口瓶保存。室温保存 2 个月，4℃ 保存 4 个月左右。

2. 1.0% 伊红染液

将 1.0 g 水溶性伊红溶于 100 ml 蒸馏水中，每 100 ml 伊红液中加 0.2 ml 冰醋酸。

3. HE 染色步骤

（1）石蜡片经脱蜡、水化，单层细胞片经漂洗固定。

（2）苏木素染液染 5~10 min（染色时间与温度、染液成熟度有关）。

（3）自来水换数次，标本转为深蓝色。

（4）分色：浸入1%稀盐酸酒精液（100 ml 75%酒精中加 1 ml 盐酸）分色数秒钟至 1 min，脱去多余的蓝浮色，标本转为淡紫红色，镜下核呈紫红色，胞质无色或灰蓝色（后者为幼稚细胞）。

（5）蓝化：自来水浸洗 10 min 或数小时，甚至更长，标本从淡紫红色转为鲜艳的浅蓝色。

注意：为缩短自来水浸洗时间，使苏木素更加显色，可将标本置淡氨水溶液（400 ml自来水加氨水 2 滴）中 10 min，切片很快呈鲜艳的浅蓝色。经此处理的标本，要经自来水充分浸洗，否则会影响伊红染色。

（6）蒸馏水洗。

（7）伊红染液 5~10 min，进行对比染色。

（8）用蒸馏水洗去玻片的浮色，经 70%，80%，90% 梯度酒精脱水一次，再分别经95%，100%酒精脱水各两次，每次 1 min。

（9）浸入二甲苯两次，每次 1 min。加拿大树胶封固。

注意事项

（1）Harris 苏木精染液即配即用，不能久存，宜少量配用。

（2）HE 染色时，除大批标本采取浸染外，一般以滴染为好。染液反复使用而被水稀释，使特异性染色和染色速度下降。

（3）苏木精染液出现沉淀现象，是染液变质的一种指示，但滤液仍可使用一段时间。苏木精染液效力判断方法为：将苏木精染液滴入自来水中，若染液出现由紫红色变为蓝色的现象，即证实染液有效。

（4）苏木精染色后，盐酸酒精分色是关键步骤：以细胞核染色清晰、细胞质基本无色为佳。核过染，延长分色时间；染色太浅，则应重新染色。

（5）伊红染色后，低浓度酒精脱水后极易脱色。为防止此现象的发生，标本脱水至95%酒精Ⅰ后，再转入95%酒精配制的1%伊红液中复染 3~5 min 分钟，然后继续脱水透明，可获得满意效果。

(6) 无水酒精脱水后,转入二甲苯中出现混浊现象,为脱水不彻底的表现。此时应退回酒精或更换无水酒精重新脱水。

(7) 封片时,盖玻片要大于切片。切片裸露,标本很快退色。

(8) 市售95%酒精常含杂质,只能用于脱水或清洁玻片。

(9) 二甲苯是一种易挥发的有毒液体,实验者要戴眼罩、口罩、手套,在通风的地方操作。

三、细胞免疫化学染色

(一) 免疫荧光染色技术

将已知抗体或抗原标记的荧光素作标记物,检查细胞或组织标本上相应的抗原或抗体。在荧光显微镜下,由于抗原、抗体的特异性结合,结合部位的标记物荧光素因受激发光照射而发生明亮的荧光。根据荧光位确定抗原在组织细胞中的分布。常用的标记荧光素有异硫氰酸盐(FITC)和四乙基罗丹明(RB_{200})等。前者最大发射荧光 $\lambda = 525$(490~619)nm,呈黄绿色荧光;后者最大发射荧光 $\lambda = 595$(540~660)nm,呈橙红色荧光。FITC 和 RB_{200} 常用于标记球蛋白 Ig。

1. 试剂

(1) 0.01 mol/L PBS 缓冲液

  A 液 0.2 mol/L NaH_2PO_4 溶液
      $NaH_2PO_4 \cdot H_2O$ 27.6 g
      蒸馏水定容至   1000 ml
  B 液 0.2 mol/L Na_2HPO_4 溶液
      $Na_2HPO_4 \cdot 7H_2O$ 53.6 g
      $Na_2HPO_4 \cdot 2H_2O$ 35.6 g
      蒸馏水定容至   1000 ml

A、B 两液混合后稀释 10 倍即成 0.01 mol/L PB 液。100 ml 不同 pH 值的 PB 液中,A、B 液的混合比例见表 4-2。

表 4-2 0.01 mol/L PBS 缓冲液

pH	A 液（ml）	B 液（ml）
6.8	51.0	49.0
6.9	45.0	55.0
7.0	39.0	61.0
7.1	33.0	67.0
7.2	27.0	73.0
7.3	23.0	77.0
7.4	19.0	81.0
7.5	16.0	84.0
7.6	13.0	87.0
7.7	10.5	89.5
7.8	8.5	91.5
7.9	7.0	93.0
8.0	5.3	94.7

NaCl 按 0.9% 体积比例加入 0.01 mol/L PB 液中，即得 0.01 mol/L PBS 缓冲液（高压消毒）。

（2）封裱剂（甘油缓冲液）。3 份甘油（无荧光，试剂级）加 0.01 mol/L PBS 缓冲液（pH 9.5）1 份，混合液 4℃静置，气泡排除后使用。

（3）0.5% 伊文思蓝液。伊文思蓝 0.5 g 溶于 100 ml 0.01 mol/L PBS 缓冲液中（pH 7.2），再加 1% NaN_3 11 ml，过滤，4℃保存。荧光素标记的二抗用 2/10000 伊文思蓝液稀释。伊文思蓝液将细胞背景染色，呈蓝色荧光，反衬细胞特异性荧光如 FITC 黄色荧光，同时掩盖轻度的非特异性荧光。

（4）特异性免疫抗体（第一抗体，即Ⅰ抗）。

（5）荧光素标记抗体（第二抗体，即Ⅱ抗）。

2. 染色步骤

免疫荧光染色法分为直接法、间接法和补体法三种。直接法多用于检测免疫球蛋白和补体。间接法多用于检测自身免疫疾病患者血清抗体和某些细菌、寄生虫产生的自身抗体。现介绍间接法的染色步骤：

（1）石蜡切片脱蜡水化，抗原热修复；细胞爬片冷漂洗、冷固定或去污处理。

（2）用冷 PBS 缓冲液洗三次，每次 5 min，边洗边振荡。

（3）滴加无荧光标记的Ⅰ抗稀释液，37℃湿盒（盒内放湿布数层）30 min。

（4）冷 PBS 缓冲液洗，方法同步骤（2）。除去未反应的非特异吸附的抗体，减少背景染色。

(5) 滴加荧光标记Ⅱ抗，37℃湿盒 30 min。

(6) 冷 PBS 缓冲液洗，方法同步骤（2）。

(7) 吸水纸吸去细胞周围水分，并甩掉细胞上的水分（注意细胞面不可干），细胞面向下，用甘油缓冲液封固，荧光显微镜观察（见图 4-7），根据荧光部位的颜色、亮度、形态特征综合判断。

结果：抗原荧光亮度表示：阴性（-）表示无荧光；可疑（±）表示极弱的荧光；阳性（+）表示荧光较弱，但清楚可见；阳性（++）表示荧光明亮；阳性（+++）表示荧光明亮耀眼。

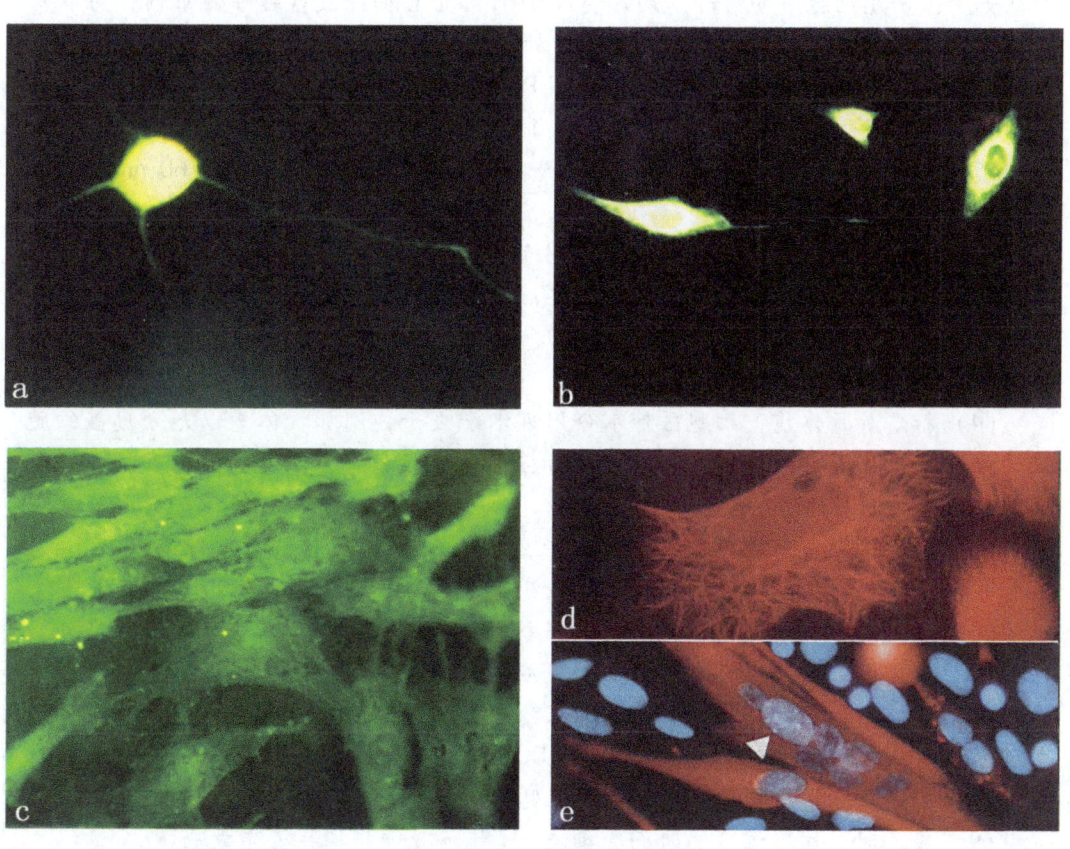

图 4-7　细胞免疫荧光染色

a. 大鼠脊髓运动神经元，示 IgG-192（蒋立新博士图版）；b. 胎儿滑膜细胞，示 Vimentin 环核分布（张正治教授图版）；c. 狗血管内皮细胞第八因子相关抗原呈绿色荧光（陈李汉医师图版）；d. 人表皮细胞中间丝环核分布；e. 三角点示融合而来的骨骼肌细胞（Figs d and e from：Karp Gerald. Cell and Molecular Biology：Concepts and Experiments. New York，1996，p368，375）

注意事项

（1）石蜡切片染色前的去醛基处理。组织经醛类固定后，留在组织内的醛基能与荧光抗体及酶标抗体结合，引起非特异染色。故标本染色前要进行去醛基处理。方法如下：石蜡切片 60℃ 1 h，二甲苯脱蜡两次（注意蜡必须脱净），每次 5 min。再经二甲苯酒精两次，每次 5 min。最后酒精梯度下行到水。细胞水化后，抗原修复方法如下：研究细胞质蛋白时，切片浸入 0.01 mol/L 枸橼酸盐缓冲液缸内，另取一带水的空白缸，一起放入微波炉内。中火加热至水沸腾后断电，间断 5~10 min 后，重复操作 1~2 次。冷却后，用 0.1 mol/L PBS 缓冲液洗涤，这样可以去除醛基，使抗原暴露。研究细胞核蛋白时，切片放入 1 mol/L EDTA 液中处理，其他操作同上。难以修复的抗原除热处理外，还需用 0.1% 蛋白酶 K 37℃，水浴 15~60 min 处理，使抗原进一步暴露。

（2）标本染色后立即观察照相，此时荧光最强。暂时需保存的标本，放入 4℃ 灭菌 PBS 缓冲液中密封冷藏，24 h 内观察照相。标本用甘油 PBS 缓冲液封片，过夜后特异性荧光减弱 30%，1 周后减弱 50%。

（3）低温取出的抗体应放在冰盒内，用后迅速放回冰盒。

（4）标本加抗体前，细胞区外水分用吸水纸吸干，滴加抗体量以充分覆盖细胞面为佳（每张片 20~40 μl）。滴加抗体后摇动玻片数秒钟，以增加抗原、抗体结合的机会，避免假阴性。

（5）实验中应设阴性对照（用同种未免疫动物血清或用 PBS 缓冲液替代 I 抗，再加 II 抗为阴性反应）和阳性对照（含检测抗原血清标本替代 I 抗）。

（6）实验器材清洁，抗体用灭菌 PBS 缓冲液配制。

（7）湿孵时，玻片保持水平，勿使反应液流走。

（8）悬浮活细胞荧光染色。细胞 4℃ 冷却。冷 PBS 洗涤，以后各步操作同前，细胞沉淀均从 4℃ 500 rpm 离心 5 min 获取。二抗后离心沉淀细胞加少量 PBS 重悬后，滴加在多聚赖氨酸玻片上，加盖玻片观察。

（9）染色时，固定温度、时间、染液 pH 值，减少非特异荧光效应。

（10）荧光抗体置 -20℃ 保存，防止抗体活性下降或蛋白质变性。

（二）ABC 免疫酶标染色技术

ABC 法即卵白素（抗生物素）- 生物素 - 过氧化酶复合物技术（Avidin-Biotin-Peroxidase Complex Technique，简称 ABC 技术）。ABC 法如图 4-8 所示。第一抗体为基本抗体，能结合组织中待测抗原；第二抗体为生物素标记的"桥"抗体，能与第一抗体结合，将生物素带到抗原部位。卵白素、生物素和辣根过氧化物酶形成的 ABC 复合物的剩余部位可与生物素二抗自由结合。最后通过酶化学反应显示抗原。此法背景干净，对比效果好。

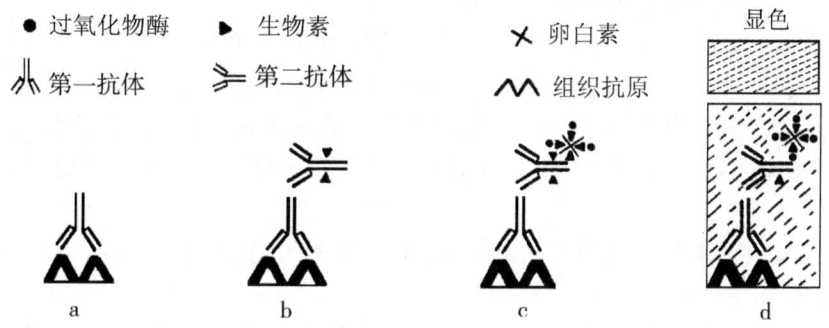

图 4-8 ABC 免疫酶标染色技术示意图
b. 加一抗；b. 加生物素标记的二抗；c. 加卵白素、生物素和酶复合物；d. 加酶底物显色

1. 试剂

（1）0.1 mol/L PBS 缓冲液（pH 7.4）。

（2）0.75% H_2O_2-PBS 液。5 ml 30% H_2O_2 加 0.01 mol/L PBS 缓冲液（pH 7.4）200 ml（临配）。

（3）DAB 显色液。取 5 mg 3,3-二氨基联苯胺（DAB），溶解于 10 ml 0.05 mol/L TBS 中（pH 7.6），室温避光磁力搅拌 30 min，两层滤纸过滤，临用前加 20 μl 30% H_2O_2。

0.05 mol/L TBS（pH 7.6）：

0.2 mol/L Tris	250 ml
0.1 mol/L HCl	400 ml
NaCl	8.5 g
蒸馏水加至	1000 ml

（4）ABC 试剂盒。盒内有：①内源性过氧化物酶阻断剂。②封闭用的正常血清

(山羊、兔、马)。③生物素标记的二抗。有羊抗兔、大鼠、小鼠和豚鼠 IgG；马抗鼠、兔 IgG。④辣根过氧物酶标记的卵白素生物素复合物。

(5) 鼠(兔)特异性一抗。

2. 染色步骤

(1) 石蜡片脱蜡水化，抗原热修复；细胞爬片冷漂洗、冷固定、去污处理。冷 PBS 缓冲液洗 3 次，每次 5 min。

(2) 浸入 37℃ 0.75% H_2O_2 PBS 缓冲液中，37℃孵育 30 min，以阻断内源性过氧化物酶活动。

(3) PBS 缓冲液洗 3 次，每次 5 min。

(4) 滴加 1:20 ~ 1:10 稀释的马血清，置湿盒内（盒内放湿布数层），37℃保温 30 min 后，直接下步操作，切忌冲洗，以消除非特异性染色。

(5) 滴加适度稀释的第一抗体，湿盒内 37℃保温 1 h（高度稀释抗体可放置 4℃过夜）。PBS 液洗 3 次，每次 5 min。注意：PBS 液从非标本区加入，加时水量小，用力轻。

(6) 滴加生物素标记的第二(桥)抗体，置 37℃湿盒内 30 min。PBS 缓冲液洗 3 次，每次 5 min。

(7) 滴加第三抗体卵白素 – 生物素 – 过氧化物酶复合物，置湿盒内 37℃ 1 h。PBS 缓冲液洗 3 次，每次 5 min。

(8) DAB 显色：标本加新配 DAB 反应液后，置光学显微镜下控制显色（室温 1 ~ 5 min）。细胞检测抗原呈色良好时停止反应。流水轻轻地洗 5 min，最后用蒸馏水洗。若为冰冻切片，水洗前用 4% 甲醛固定 10 min。

(9) 中性树胶封片，观察摄影。

(10) 若需苏木精作对比核染色时，将 DAB 染片用苏木精染液覆盖，置镜下观察。复染合适时水洗，再经盐酸酒精分化，水洗蓝化，常规脱水，透明封固。苏木精染色不宜过深，以免掩盖阳性的棕褐色颗粒。

结果：光镜下阳性部位呈棕褐色（图 4 – 9）。

注：试剂盒中用 AEC 显色时，标本不能用 Harris 苏木素液和酸性酒精作对比染色，因为 AEC 显色物是溶于有机溶剂的。AEC 显色时，用 Maryer's 苏木素液作对比染色，染色水洗后，直接用水性封固剂如甘油明胶或清澈的指甲油封片。

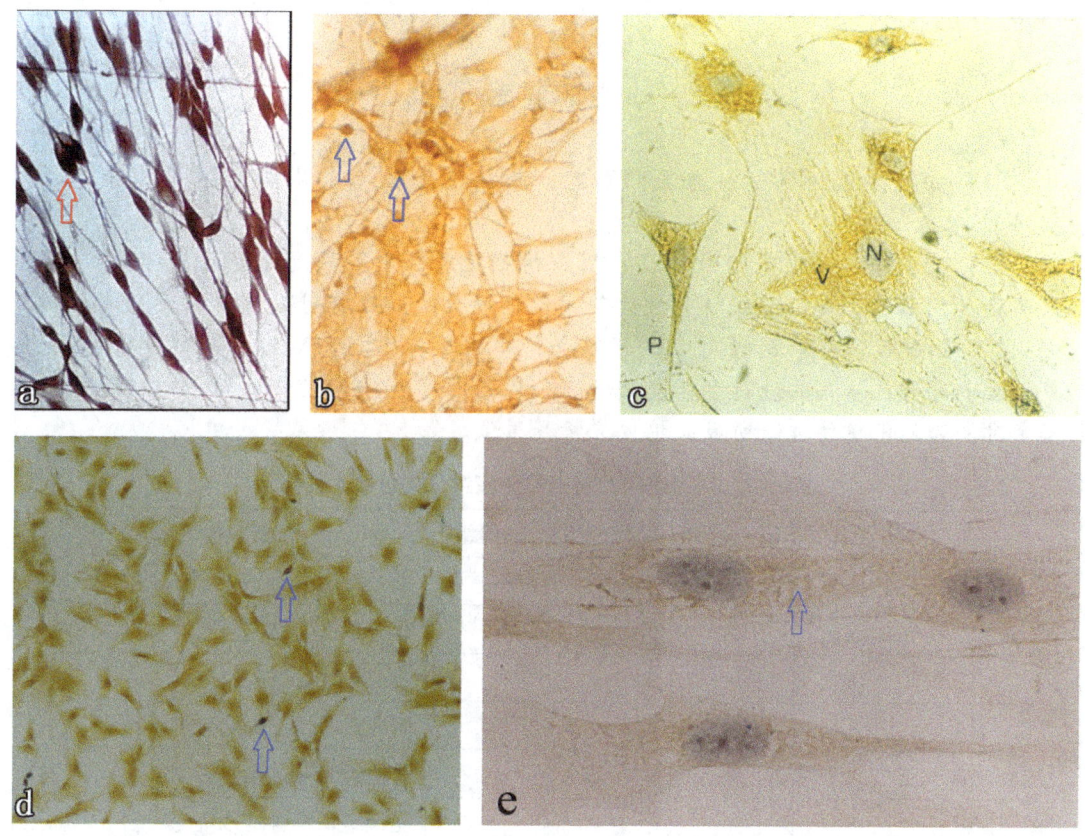

图4-9 细胞免疫酶标染色技术

a. 大鼠雪旺式细胞 S-100 蛋白表达;b. 鸡神经细胞病毒感染(蒋立新博士图版);c. 胎儿滑膜细胞 Vimentin 表达(张正治教授图版);d. 神经胶质细胞表达外源基因;e. 人皮肤成纤维细胞示 I 型胶原位(雷涛博士版图)。a 图为 AEC 显色;b~e 图为 DAB 显色

From:Karp Gerald. Cell and Molecular Biology:Concepts and Experiments. New York,1996,p368,375

注意事项

（1）细胞标本的取材、漂洗、固定、滴加抗体技术要求与免疫荧光染色法相同。

（2）实验中，必须有阳性对照（用含待测抗原，中等强度免疫反应标本）、替代试验（用非检测部位组织特异抗体替代待测抗原，如用前列腺特异抗原PSA抗体检测乳腺细胞抗原）和阴性对照（用不含待测抗原标本与待测标本平行染色）。免疫反应中每种抗体都要进行稀释度试验。染色后整个细胞面黄染，难以与特异反应鉴定时，为标记抗体过浓所致。抗体应稀释再试。

表4-3 对照组和实验组的免疫组化染色结果分析

例号	阴性对照	阳性对照	替代对照	试验组	结　论
1	-	-	-	-	操作错误
2	+	+	+	+	非特异性染色
3	+	-	-	+	阴性对照含有定位抗原
4	-	-	-	+	阳性对照组不含定位抗原
5	-	+	+	+	受检组织非特异性染色
6	-	+	+	-	受检组织不含定位抗原
7	-	+	+	+	受检组织含有定位抗原

由表4-3可见，只有例6、例7的试验结果才有意义；例1~5均因对照组的结果，或因免疫组化技术错误等因素，可以否定抗体的特异性，使试验结果失去意义，必须重复试验或换新抗体。

（3）抗体最佳稀释度的选择。每使用一种抗体都要进行抗体稀释度试验。抗体稀释液常用0.01 mol/L PBS缓冲液（pH 7.4）配制，但不宜存放过久。抗体溶液中常含有多种杂质，抗体稀释度越高，污染蛋白质染色越少，则细胞背景清晰，特异性抗原染色对比度愈佳。两种抗体稀释度测定见表4-4。

表4-4 间接染色法的抗体稀释度测定

第二抗体 \ 第一抗体	1:50	1:100	1:150
1:20	+++（++）	++（+）	+（-）
1:40	++（-）	+（-）	+（-）
1:60	+（-）	+（-）	+（-）

注：（ ）内为背景染色结果。

表4-4中第一抗体1:50，第二抗体1:20，是欲测抗原染色首选的稀释比例，但为了降低背景染色，可再稀释第一抗体，在1:50与1:100之间寻得优选点。

三种以上抗体的染色法如ABC法、PAP法，为确定合适的抗体稀释度，可按上法列表先求得第二、第三抗体的优选点，再与第一抗体相配伍。根据石善榕病理室的经验，ABC法（Vector试剂），第二抗体稀释度为1:240，第三抗体稀释度为1:120，可供参考。延长孵育时间可增加抗体的稀释度。抗体稀释后充分混匀。ABC抗体稀释液静置5 min以上使用。

（4）染色的反应一般在37℃和室温下进行；对耐热差的抗原，可在低温下进行，但应延长时间。

（5）光镜控制显色。标本二抗反应过程中，配制DAB显色液（酶作用底物）。调好显微镜焦距和亮度。显色时间一般为1~5 min。将反应液浅黄色的片置显微镜下观察，以检测抗原呈现棕黄色而细胞内其他物质和细胞背景无色片为最佳片。试片时间确定为最佳显色时间。阴性对照片未染色。大量标本要分批染色。每批抽样片观察合适时，即将全部染片放入自来水缸内，流水轻轻地冲洗。

（6）DAB是一种致癌物，严禁倒入水槽内。使用后应集中收集，进行解毒处理。

（7）摄像标本要求参阅第四章第五节。

四、培养细胞透射电镜样品的制备

(一) 试剂

2%~3%琼脂糖，2.0%~2.5%戊二醛，1%锇酸（四氧化锇），0.2 mol/L PBS 缓冲液（pH 7.2），梯度酒精（50%，70%，90%，100%）。

(二) 操作步骤

1. 细胞悬液标本制备

（1）收集 5×10^7 左右对数生长期细胞（在收集前一天细胞换液）。细胞连同培养基一起置 2 ml 塑料小指管中，PBS 缓冲液清洗 2~3 次，1000~1500 rpm 离心 5~10 min，去上清液，弹指法混匀细胞。

（2）沿管壁加入 2.0%~2.5% 冷戊二醛，轻轻吹打，使细胞混悬于固定液中。4℃ 固定 30 min，用小铝片将细胞团块铲离管底，块翻面，继续用新固定液固定 30 min 或更长些。1000 rpm 离心 5 min，去上清液。

（3）4℃ PBS 缓冲液冲洗，时间不等，一般为 1~2 h 或过夜，离心后去上清液。

（4）管内加入 2%~4% 琼脂糖液（37℃）0.1~0.5 ml，两手搓离心管，使细胞与琼脂糖液混匀，室温冷却，形成细胞琼脂凝胶预包埋块。

（5）离心管内加适量 PBS 缓冲液或 75% 酒精，铝片沿管轻轻地将细胞琼脂糖凝胶块松动，预包埋块移入含 75% 酒精的青霉素瓶内，24 h 后换固定液一次，4℃保存，1年内使用。

（6）预包埋块切成 1 mm³ 大小，置 1% 锇酸 4℃ 固定 1~2 h，PBS 缓冲液反复漂洗（30 min 或过夜）。

（7）分别用 50%，70%，90%，100% 丙酮脱水各 1 次，每次 10~15 min；100% 丙酮脱水 3 次，每次 30 min。

（8）浸入稀释包埋剂（丙酮:包埋剂 =1:1）中，室温 1 h。再浸入纯包埋剂（如环氧树脂）中，37℃过夜。60℃固化 48 h。干燥器内保存备用。

2. 少量细胞标本的制备

（1）少量细胞连同培养基一起移入离心管中，800 rpm 离心 5 min。细胞沉淀加 4% 的多聚甲醛，轻轻混匀，4℃固定 1 h（30 min 时，换固定液 1 次）。PBS 缓冲液漂洗，800 rpm 离心 5 min，连续 3 次。

（2）将微量移液管的塑料枪头尖端过火焰，使其成为封闭的锥形管，将细胞沉淀

（约 200 μl）移入管内，加 5 μl 新鲜人血浆，轻轻混匀后，然后加入 2.5% 戊二醛（pH 7.2～7.3, 0.1 mol/L PBS 缓冲液配制）100 μl, 再轻轻混匀，4℃ 静置 4 h。离心条件同前。

（3）刀片切去枪头的末端，用细针挑出细小的细胞团块。PBS 缓冲液漂洗多次。

（4）1% 锇酸固定 2 h, 以下 PBS 缓冲液漂洗、丙酮脱水、包埋操作同操作步骤 1。

3. 单层细胞培养物剥离标本的制备

用胶皮刮将盖玻片条上对数生长期单层细胞剥离，移入 4℃ 10 ml PBS 缓冲液离心管中，离心去上清液。细胞团块经 4℃ 2.5% 戊二醛固定 30～60 min, 4℃ PBS 缓冲液漂洗 3 次，再经 1% 四氧化锇固定 1～2 h, 以下 PBS 缓冲液漂洗、丙酮脱水、包埋操作同操作步骤 1。

4. 细胞盖片标本的制备

（1）将生长在盖玻片或聚苯乙烯盖片上的单层细胞取出，置青霉素瓶内，用 4℃ PBS 缓冲液漂洗 3 次。

（2）2% 冷的戊二醛固定 30 min, 冷 PBS 缓冲液漂洗 3 次。

（3）1% 锇酸固定 30 min。PBS 缓冲液漂洗 30 min 或过夜。

（4）梯度丙酮脱水（50%, 70% 各 1 次；90% 2 次；100% 3 次）。

（5）浸入稀释包埋剂 3 ml, 室温 30 min 后换纯包埋剂 1 ml, 2 h 或过夜。

（6）将明胶囊装满混合包埋剂，倒盖在单层细胞上，60℃ 固化 2 h。聚苯乙烯盖片与包埋剂直接用手分离；而玻璃盖片与包埋剂一起放入盛液氮烧杯内片刻，迅速取出，放自来水中，二者即可分离。

五、培养细胞扫描电镜样品的制备

（一）试剂

1.5% 戊二醛，0.2 mol/L PBS 缓冲液（pH 7.2），梯度酒精（50%, 70%, 90%, 95%, 100%），1% 四氧化锇（锇酸），丙酮。

（二）操作步骤

（1）单层细胞盖玻片培养物冷漂洗后，用 1.5% 戊二醛 4℃ 固定 1～2 h。PBS 缓冲液洗 3 次，每次 10 分钟。

（2）4℃ 1% 锇酸固定 1 h, 用 PBS 缓冲液清洗 3 次，每次 10 min（锇酸一定要除净，因为锇酸本身也发射电子，影响观察）。

(3) 酒精上行脱水（30%，50%，70%，90%，95%，100%），各浓度酒精脱水 2 次，每次 15 min。

(4) 100% 丙酮脱水 3 次，每次 30 min。标本 4℃ 丙酮保存。

第四节　细胞遗传学的检测方法

一、细胞 DNA 定量的测定

Feulgen 反应是显示细胞 DNA 的常用方法。其原理是：先用 1 mol/L 盐酸水解细胞核中的 DNA，打开嘌呤碱基和脱氧核糖连接的双键，释放出醛基，然后醛基与 Schiff 试剂作用。Schiff 试剂是由碱性品红和偏重亚硫酸钠作用生成的无色品红液，一旦与标本接触，无色品红与 DNA 醛基结合形成紫红色化合物，最后由显微分光光度计进行 DNA 定量测定。

（一）试剂

(1) 甲醇冰醋酸固定液（临配）。

(2) Schiff 试剂：将 0.5 g 碱性品红加入 100 ml 沸水中（用三角烧瓶容器），不时摇荡玻璃瓶，加热 5 min，使之充分溶解。待液体冷却至 50℃ 时过滤，加入 1 mol/L 盐酸 10 ml。在 25℃ 时加入 0.5～1 g 偏重亚硫酸钠或钾，振荡溶解后，避光过夜。次日液体颜色呈淡黄色，再加 0.5 g 活性炭，振摇 1 min，过滤。无色滤液置棕色磨口试剂瓶中，密封，4℃ 保存。

(3) 1 mol/L 盐酸：浓盐酸 8.5 ml 加蒸馏水 91.5 ml。

(4) 亚硫酸水：10% 偏重亚硫酸钠溶液 10 ml，加 1 mol/L 盐酸 10 ml，再加蒸馏水 180 ml，混匀即成。

(5) 淋巴细胞制备：3% 明胶（0.08 MPa 10 min 消毒），4℃ 保存。肝素抗凝（20 u/ml）的人外周血与 3% 明胶按 2:1 充分混合后，置室温 30 min 或 4℃ 冰箱内（管先斜放，后直立）。弃上层 2/3 血浆，Hanks 液洗沉淀淋巴细胞 3 次，固定液固定 30 min 备用。

（二）操作步骤

(1) 细胞制片：

① 经消化分离的原代细胞或传代细胞悬液，用 Hanks 液洗涤 3 次，细胞沉淀经固定液固定 30 min 后，滴片（载玻片中央位），空气干燥备用。

② 盖玻片单层细胞培养物，Hanks 液洗涤两次。标本未完全干燥前，加固定液固定 10 min，再重复固定一次或置固定液气相中过夜，空气干燥备用。

③ 有的肿瘤组织细胞含粘液较多，可以直接涂片，在涂片未完全干燥前加固定液固定 10 min，然后置新鲜固定液中过夜，空气干燥后备用。

（2）载玻片右端加上少量的人淋巴细胞，作为光密度值判断标准；若为盖玻片条细胞培养物，则将淋巴细胞滴加在另一盖玻片条上。实验中两者需进行相同处理。标本片置 4% 甲醛中固定 2 h 以上。

（3）放入 1 mol/L 盐酸 1 h（室温），水洗两次，每次 5 min。

（4）浸入 4℃ Schiff 试剂中 1.5 h。

（5）亚硫酸水洗 3 次，每次 5 min，洗去多余的非特异性色素。

（6）蒸馏水冲洗。

（7）梯度脱水（50%，70%，80%，90% 酒精各 1 次，95% 和 100% 酒精各两次），二甲苯透明，中性树胶封固。盖玻片条上的细胞面向下，封固在载玻片中央。淋巴细胞片条封固在载玻片右端。

（8）结果细胞核中 DNA 染成紫红色。

（9）显微分光光度计测定 DNA 含量。用双波长法（λ_1 为 557.5 nm，λ_2 为 505 nm）随机测试分散良好的淋巴细胞核和培养细胞核各 50 个。数据经微机处理，求得 DNA 相对含量。用 DNA 指数（DI）代表培养细胞 DNA 含量和二倍体淋巴细胞 DNA 含量比值，纵坐标代表细胞数，横坐标代表 DI 指数，绘制 DNA 分布直方图。

（10）根据 DNA 分布直方图，分析培养细胞倍体类型和倍体分布。

注意事项

（1）碱性品红的质量直接影响 DNA 的染色效果。笔者所在实验室用盐酸付玖瑰苯胺（盐酸付品红）配制 Schiff 试剂，DNA 染色效果好，标本保存时间长。

（2）Schiff 试剂瓶要密封，若瓶漏气，试剂几天内就会失效，DNA 浅染或不染（皮肤触及试剂后不变红）。

（3）偏重亚硫酸钠（钾）要密封保存；若受潮呈凝块状或没有刺鼻味时，表示该药失效。

二、细胞 DNA 合成的测定

显微放射自显影技术是研究细胞增殖、代谢和各种理化因素对细胞影响的重要手段。它能提示细胞分子水平的动态变化,使之成为显微镜下可见的形态,并可用以定量分析,因而成为生物学和医学科学研究中一项应用广泛的重要技术。

用放射性同位素氚标记的脱氧胸腺嘧啶核苷(^{3}H-thymidine,^{3}H-TdR)作为 DNA 合成前体,引入细胞群,处在 DNA 合成期(S 期)的细胞在进入 M 期前被 ^{3}H-TdR 渗入,则 DNA 被标记。若对标记细胞覆盖一层感光乳胶(曝光过程),经过一段时间,因 ^{3}H 发射 β 射线使感光乳胶内的溴化银还原为金属银,显影后就成为显微镜下肉眼可见的黑色颗粒。这种用感光和乳胶记录、检查、测定放射性的方法,称为放射自显影技术。它能较准确地反应出细胞的机能代谢状态和动态变化过程。

此方法的基本过程是:同位素标记物引入细胞→制片→感光乳胶→曝光(自显过程)→显影→定影→染色→盖片→显微镜观察,根据乳胶上出现的银颗粒分布进行分析。

(一)试剂

(1)放射性同位素 ^{3}H-TdR(氚标记胸腺嘧啶核苷),核Ⅳ乳胶,0.1 mol/L PBS 缓冲液(pH 7.2),Giemsa 染液,中性树胶,甲醇冰醋酸固定液。

(2)D-196 显影液:

蒸馏水(50℃)	750 ml
米吐尔	2.0 g
无水亚硫酸钠	75.0 g
对苯二酚	8.0 g
无水碳酸钠	37.5 g
溴化钾	10.0 g
蒸馏水加至	1000 ml

药品按配方顺次加入溶解,过滤后使用。

(3)酸性定影液

甲液:

50℃水	750 ml
硫代硫酸钠	240 g

乙液:

50℃水	80 ml

无水亚硫酸钠	15 g
硼酸	7.5 g
醋酸（28%）	48 ml
钾矾	15 g

药品按配方顺次加入溶解，待温度下降至室温时，将乙液加入到甲液中，不断搅动。过滤后使用。

细胞放射自显影常用的标记物有两类：一类是标记氨基酸，主要应用于蛋白质代谢的研究；另一类是标记核苷酸，主要用于核酸代谢的研究。现以细胞核内 DNA 合成标记为例说明操作步骤。

（二）操作步骤

（1）当玻片条上细胞生长即将汇合时，吸出瓶（皿）中原培养液。

（2）向培养皿（瓶）中加入用新鲜培养液稀释的 ^{3}H-TdR（7.4×10^4 Bq（2 μCi）[①]/ml。37℃ 5% CO_2 培养箱培养 30 min。注意：操作中切勿使 ^{3}H-TdR 溶液滴至瓶外或手上。

（3）洗涤与固定：

① 洗涤。标记培养结束后，取出玻片条，用 PBS 缓冲液漂洗多次，以洗去玻片上和细胞面未掺入的 ^{3}H-TdR，培养液和洗涤液倒入专用容器内。

注意：实验所用的 ^{3}H-TdR 是同位素 ^{3}H 和胸腺嘧啶脱氧核苷的化合物。^{3}H 放出 β 射线，其外照射较弱，但半衰期较长（12.3 年）。操作时要小心细致。必须做到：凡接触过 ^{3}H-TdR 标记液的器材都要集中放在指定地点，用 2% NaOH 溶液洗涤处理。容器中残存的 ^{3}H-TdR 标记液和洗涤液倒入专用的废液缸中，绝不能乱倒乱放。

② 固定。将玻片条放入新配制的甲醇冰醋酸液中固定 20 min，中间换液 1 次。空气干燥。

（4）涂胶：

① 溶胶。在暗室红色安全灯下根据需用量倒取核Ⅳ乳胶于容器里（置于 40~50℃ 水浴中保温），吸管插入乳胶内，慢慢地加温蒸馏水，两者比例 1:1，边加边用吸管轻轻搅动，使之溶化混合，注意不要产生气泡。

② 涂胶。这是个重要步骤，不能太厚又要均匀，可采用滴胶法或浸蘸法涂胶。

滴胶法：事先在清洁的载玻片的 1/3 处加适量中性树胶，将盖玻片无细胞面贴附在载玻片上，37℃，干燥两天。将贴有盖玻片的载玻片放在 37℃ 水浴锅的金属板上，预热 3 min，用滴管吸溶化的乳胶，滴在玻片条的样品上。一般用量是 1 滴胶涂 3~

[①] Bq 表示贝可；μCi 表示微居里；1μCi = 3.7×10^4 Bq。

3.5 cm^2，用细玻棒或棉线牵引乳胶，使之均匀地覆盖在标本上，然后平放于暗室中干燥。

浸蘸法：将干燥过的玻片条插入溶化好的乳胶中片刻，取出后，将载玻片垂直于暗盒内，4℃干燥。此法简便，为多数实验者采用。

（5）曝光。放射性同位素放出的射线及乳胶感光，称为曝光。曝光时间与同位素的种类、性质、剂量、半衰期以及乳胶性质有关，也随实验目的和方法不同稍有变化，因此必须通过实践来摸索。本实验中的曝光是在暗室中将涂布乳胶的干燥玻片条，依次放在暗盒（黑色切片盒）中，并放入一小包硅胶作干燥剂。关紧暗盒，用电工胶布密封盒盖接合处，再用黑纸包好，橡皮筋套紧，做到完全不漏光。注明日期和标本名称，然后将暗盒放入4℃冰箱曝光一个月左右。

（6）显影。常用 D-196 显影液显影。一般照相用的显影液都可用于放射自显影。

① 将已曝光的自显影标本从暗室取出，放入 18～20℃ 预热的 D-196 显影液中 5～8 min，显影时注意显影液温度、显影时间，并经常搅拌显影液。

② 标本显影后，放入蒸馏水中 30 s。

（7）定影。定影过程是把那些未感光的卤化银从乳胶中溶去，而又不损害银颗粒。

① 将已曝光的自显影标本从蒸馏水中移入 18～20℃ 定影液中，定影 15 min。

② 流水冲洗自显影玻片标本 30～60 min，再以蒸馏水浸洗 1 min，自然干燥。其目的是清除标本中含有的硫代硫酸盐，增加银颗粒的稳定性。

（8）染色和封片。此步要求既能显示细胞结构，又能清楚地反衬出银颗粒。可用 Giemsa、甲基绿派罗宁等染液染色。

① 染色。标本用 Giemsa 应用液染色 10～15 min，自来水冲洗，空气干燥。

② 封片。在盖玻片条上滴加 1～2 滴中性树胶，再覆盖上一张盖玻片（未贴片的标本应先贴片再封片），37℃或室温固结后即可镜检。

（9）细胞放射自显影标本的观察。显微镜下根据银颗粒分布、核质比例和染色的形态，区别 G_1、S、G_2 和 M 各期细胞。DNA 合成期（S 期）细胞的核较大，染色质均匀，核中黑色的银颗粒分布非常密集，这是由于 DNA 半保留复制时，有大量 ^{3}H-TdR 掺入的原因，同时核仁位置可见到空白区。DNA 合成前期（G_1 期）细胞的核质比例小，染色质均匀，核中银颗粒数和背景银颗粒数一致。而核质比例大的则为 DNA 合成后期（G_2 期）细胞。片中还可见细胞核中染色质凝聚成染色质丝和染色体，这是分裂期（M 期）的细胞。

注意事项

^{3}H-TdR 渗入率在下列几种情况下，不能正确反映细胞增殖率：

(1) 影响胸腺嘧啶合成的因素存在时，如培养液中有外源性 5-氟尿嘧啶存在（结果偏高）。

(2) 某些细胞受因子刺激后，不能继续完成细胞周期（结果偏高）。

(3) 细胞受刺激时，有的细胞已进入 G_2 期（结果偏低）。

(4) 细胞 DNA 损伤（紫外线），引起 DNA 损伤修复，非细胞周期胸腺嘧啶核苷渗入增加（结果偏高）。

(5) 细胞接触抑制状态时，细胞死亡因素增加，细胞群体中必有相应细胞数量进入细胞周期（结果偏高）。

因此，细胞增殖率用 ^{3}H-TdR 渗入率作指标时，应结合细胞计数结果，进行综合判断。

三、细胞 DNA 双参数的测定

要准确测量细胞群体动力学，既要了解 DNA 含量，又要了解 DNA 合成率。利用流式细胞术和 FITC 与 PI 双荧光探针法，可以同时测量细胞内 DNA 含量和 DNA 合成。一个参数用 FITC 标记 BrdUrd（Bromodexyuridine，5-溴脱氧尿嘧啶核苷）单抗，它渗入 DNA 单链上，与 BrdUrd 结合发黄绿色荧光，从黄绿色荧光探测细胞内 DNA 合成。另一个参数用 PI 标记，PI 能特异地与双链核苷酸结合发红色荧光，细胞经 RNA 酶消化后，PI 红色荧光强度反映了细胞内 DNA 含量（图 4-10）。从流式细胞仪测试的 DNA 图型，分析细胞的倍体水平与该群体细胞的增殖活力。

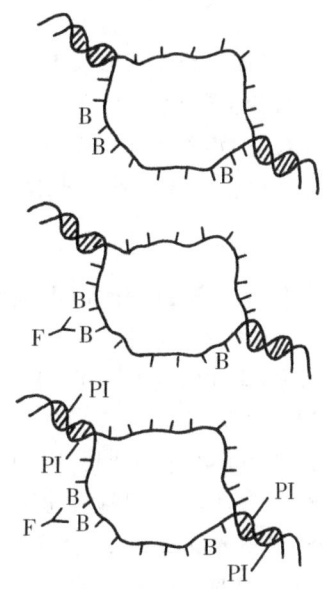

图 4-10 DNA 双荧光素染色过程示意图

B：BrdUrd；F：FITC

（一）试剂

10 μmol/ml BrdUrd，75% 冷乙醇，1.5 mol/L HCl，FITC 标记的 BrdU 单克隆抗体，PI 液（50 μg/ml PBS 溶

解），RNA 酶（50 μg/ml）。

（二）操作步骤

（1）BrdUrd 渗入培养细胞，37℃ 30 min。
（2）细胞固定。
（3）DNA 变性处理。细胞用 1.5 mol/L HCl 20℃ 处理 20 min。
（4）FITC 染色。FITC 标记的 BrdUrd 单克隆抗体与细胞共同孵育，37℃ 30 min。
（5）RNA 酶消化，细胞用 1.5 ml RNA 酶 37℃ 水浴处理 30 min 后，立即放入冰浴中停止酶作用。
（6）PI 染色。细胞与 PI 染液共同孵育 37℃ 30 min 后，立即上机检测。
（7）从 FITC 发出黄绿色荧光和 PI 发出的红色荧光进行 DNA 流式细胞光度计分析。根据 DNA S 时相与 G_1、G_2、M 时相细胞的百分数，绘制二维图像。

注意事项

细胞 DNA 变性处理是本法测试成功的关键。DNA 变性方法有热变性和 HCl 变性两种，相比之下后者易于掌握。双键 DNA 不变性，则无法标上单抗，而 PI 要嵌入双链 DNA 上才能染色，二者要求是矛盾的。如何使两者影响最小，实验者要经过重复比较，才能得到最佳条件。

四、人体外周血淋巴细胞染色体标本的制备

1952 年美籍华人徐道觉从助手工作的失误中发现，用蒸馏水低渗处理分裂细胞可使染色体展开，首次提出人体细胞染色体数是 46 条；1956 年 Tjio 发现秋水仙素可使分裂的细胞停止在中期；1960 年，P. Nowell 发现植物血凝素（PHA）激发人淋巴细胞有丝分裂，使淋巴细胞转化为淋巴母细胞；后又发现空气干燥法可使细胞和染色体展平。1960 年，Moorhead 综合应用这四大发现，建立起外周血白细胞短期培养制作染色体法。这是一种取材简易、用血量少的培养方法，被广泛应用于临床染色体疾病、病理学、药理学、遗传毒理学等方面研究。

（一）试剂

（1）0.075 mol/L KCl。甲醇冰醋酸固定液，pH 7.0 Giemas 应用染液，秋水仙素。

（2）淋巴细胞培养基。RPMI-1640 营养液80%，小牛血清20%，PHA 2 mg/ml，青霉素、链霉素各 100 u/ml，pH 7.2。培养液抽滤除菌分装于青霉素小瓶内，每瓶 5 ml 培养基。

（二）操作步骤

（1）培养：① 无菌取外周血，每 5 ml 培养基加抗凝血 0.2～0.3 ml（20 u/ml 肝素）。② 37℃恒温箱中培养 72 h，每天摇血两次。③ 终止培养前 3 h，加入终浓度为 0.02 μg/ml 秋水仙素。④ 终止培养后，将细胞移至刻度离心管中，800～1000 rpm 离心 7 min，去上清液。

（2）低渗。加预温 37℃ 0.075 mol/L KCl 8 ml，37℃水浴 30 min。

（3）预固定。加新配制的固定液 4 滴至低渗处理后的细胞液中，混匀后，800～1000 rpm 离心 7 min，去上清液。

（4）固定。加固定液 5 ml，混匀，室温 30 min，离心去上清液。此步骤再重复两次。

（5）制片。将细胞悬液滴在预冷的湿片上，空气干燥。

（6）染色。Giemsa 染液染色 10 min。

（7）观察。人类体细胞有 46 条染色体，即 22 对常染色体和 1 对性染色体。男性 44，XY；女性 44，XX。低倍镜下染色体染成紫红色。挑选染色体分散合适（基本在一个圆形范围内）、长度适中，两条姐妹染色单体分开，着丝粒清晰的分裂相计数，并观察有无断裂、裂隙或异常的染色体。

五、培养细胞染色体标本的制备

（一）试剂

0.075 mol/L KCl。甲醇-冰醋酸固定液，Giemsa 染液，秋水仙素，含 20% 小牛血清的细胞培养基。

（二）操作步骤

（1）对数生长期细胞终止培养前 3～6 h，加秋水仙素（终浓度 0.02 μg/ml）。

（2）终止培养后，轻轻晃动培养瓶，将球形分裂细胞先移入离心管中，贴壁细胞消化后，一并归入离心管内，800~1000 rpm 离心 7 min，去上清液。再经 PBS 缓冲液洗涤并离心 1 次。

（3）预固定、固定、制片、染色、观察、分析方法同人外周血细胞染色体标本的制备方法。

注意事项

（1）培养液新鲜配制。常用的 RPMI-1640 培养液，pH 7.2，橙红色。牛血清质量明显影响细胞的生长。

（2）淋巴细胞转化好时，标本培养 48 h，可见瓶底血层表面有白色细胞克隆。

（3）预固定时，固定液要逐滴加入，一手加固定液，另一手不断晃动离心管，加后再混匀离心。

（4）低渗时间与细胞生长状况有关。生长好的细胞，低渗时间短。如笔者所在实验室制备杂交瘤细胞染色体时，低渗时间是 5 min。

（5）滴片时，尽量加大吸管头与玻片间的距离，有利于染色体分散。

六、染色体 G 显带

（一）试剂与仪器

0.1%~0.25% 胰管白酶液，pH 7.4 Giemsa 原液，1/15 mol 磷酸盐缓冲液（pH 7.4），电热恒温水浴箱。

（二）操作步骤

（1）片龄 1 周片，置 60~65℃ 温箱中处理 15 min。片龄超过 1 周片，适当延长保温时间。

（2）0.25% 胰蛋白酶液 37℃ 水浴 1 h。

（3）保温片置 37℃ 胰酶液中，晃动处理。一般淋巴细胞消化时间 60~90 s，组织培养细胞 15~30 s。

(4) 自来水冲洗。1:4 Giemsa 液染色。
(5) 镜下观察染片过程，合适时停止消化。水洗，二甲苯透明，中性树胶封片。

注意事项

（1）胰酶消化染色体时间是否合适是 G 显带成功的关键。寻找合适的消化时间要进行预试。即将一张制片分成四个区，逐渐增加消化时间，不时在显微镜下观察显带。显带合适的标本，染色后细胞部位目视橙红色。

（2）染色体显带时间与室温有关。夏季室温高，0.15%胰蛋白酶37℃处理，5 s内显带；冬天气温低，0.3%胰蛋白酶37℃水浴处理，30 s左右显带。

（3）胰蛋白酶液浓度、消化温度与消化时间有关。使用低浓度酶液延长消化时间的方法，比较容易掌握显带技术。

（4）染色体 G 显带后，将玻片橙红色部位置低倍镜下观察，后转高倍镜辨认。细胞和染色体深紫红色部位表示胰酶消化时间不足。若胰酶处理过头，染色体轮廓不清，有时胀大像水泡的米饭，发毛，甚至呈空泡状。

（三）正常男性染色体 G 显带模式图（见图 4-11）

1号　p：近着丝粒处有2条深带，远端较淡。
　　　q：3条深带，在近着丝粒处有一深色次缢痕，呈"△"形。
2号　p：均匀的4条深带，中央2条有时合并为1条宽带。
　　　q：5~8条深带，均匀分布。
3号　p：中央1条明显淡带，其远端为1条深带，末端有明显着色整齐的浅带。
　　　q：和 p 相似，但远端深带较 p 为宽，p，q 各有一对称的浅带区，着丝粒旁有一不稳定显带区。
4号　p：1条深带在臂之中间，但较窄。
　　　q：均匀分布的四条深带，其中近着丝粒的1条深带较恒定。
5号　p：1条深带在臂的中间，但较窄。
　　　q：中央有1条宽的深带，近末端有1条深带。
6号　p：有明显的浅带于臂的中央，远端有深带2条。
　　　q：4条均染的深带。
7号　p：末端有1条明显深带，近着丝粒处有较浅的深带。
　　　q：有2条明显深带，近末端处可见有1条较浅而狭窄的深带。

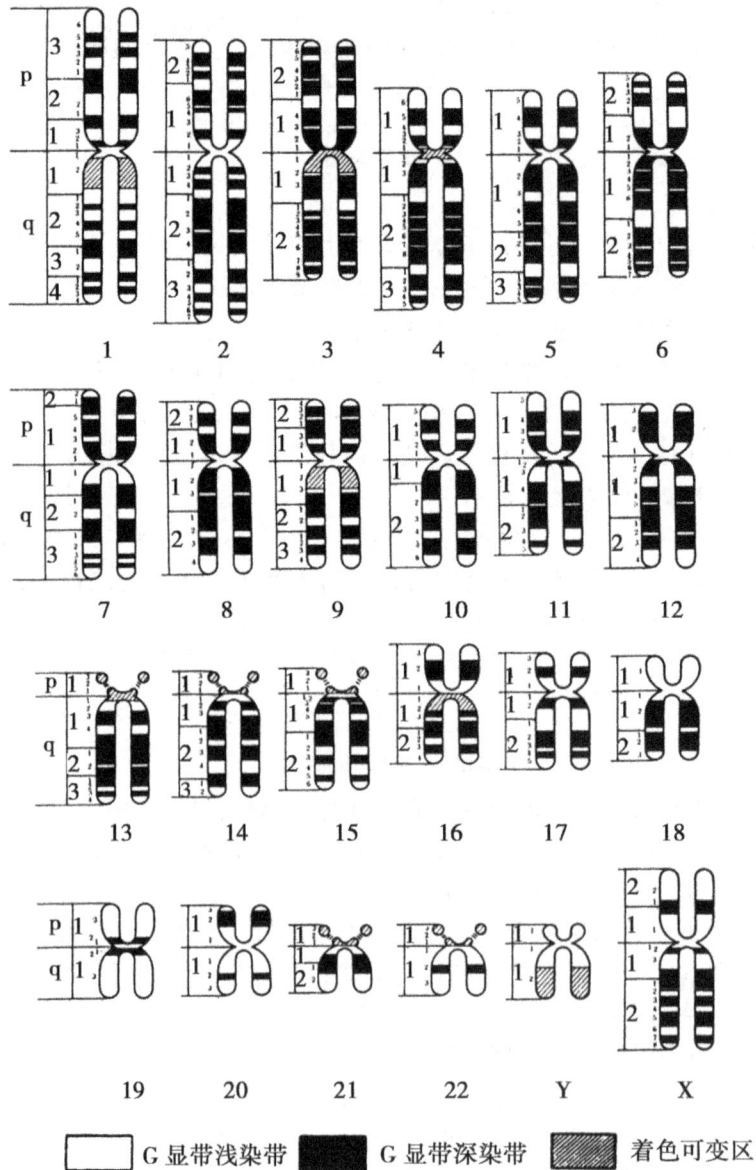

图 4-11　正常男性 G 显带染色体模式图

8号　p：2条深带。
　　　q：远端1条深带，较恒定，近着丝粒处有次缢痕，不着色。
9号　p：1条深带。
　　　q：2条深带，较恒定，近着丝粒处深带较浅而不清。
10号　p：1条深带，但一般不清。
　　　q：3条深带，近着丝粒的1条深带恒定。
11号　p：近末端1条深带。
　　　q：深带窄，浅带宽。
　　　11号染色体q长度较12号短。
12号　p：近末端1条深带。
　　　q：深带宽，浅带窄。
13号　q：有4条深带，远端着色较深。
14号　q：有2条恒定深带。
15号　q：2条深带，近端带宽而深，远端1条较淡而窄。
16号　p：有次缢痕，染色深。
　　　q：远末端均可出现1条深带区。
17号　p，q各有1条淡带，q末端深带明显。
18号　p无带。q有2条深带。
19号　着丝粒区有深带，两臂均无深带。
20号　p：1条恒定深带。
　　　q：1条深带，窄小，有时不清。
21号　q：深带宽，浅带窄。
22号　着丝粒区深带呈点状，浅带窄。
X　　p，q各有1条明显深带，对称，恒定。此外q远侧还可出现3条深带，但着色较浅。
Y　　q末端有1条宽的深带。

20世纪70年代早中期，染色体显带技术能显示出人的一套单倍体染色体，人类单倍体显示的带纹总数约为320条；70年代后期，由于细胞同步化制片技术的应用和染色体显带技术的改进，产生了高分辨显带技术，320条带纹细分出亚带或次亚带，可以显示400~550条带。在光学显微镜下，识别出4500kb以上的DNA分子片段。80年代，应用分子生物学技术能识别出几十个kb到2000kb的DNA分子片段。高分辨核型分析的应用，很大程度地提高了常规分析的分辨能力，为目前细胞遗传学研究的标准方法。

（四）染色体核型分析

（1）未显带的染色体 Giemsa 染片，观察染色体数目、有无染色体结构畸变（裂隙、断裂、易位和倒位），见图 4-12。

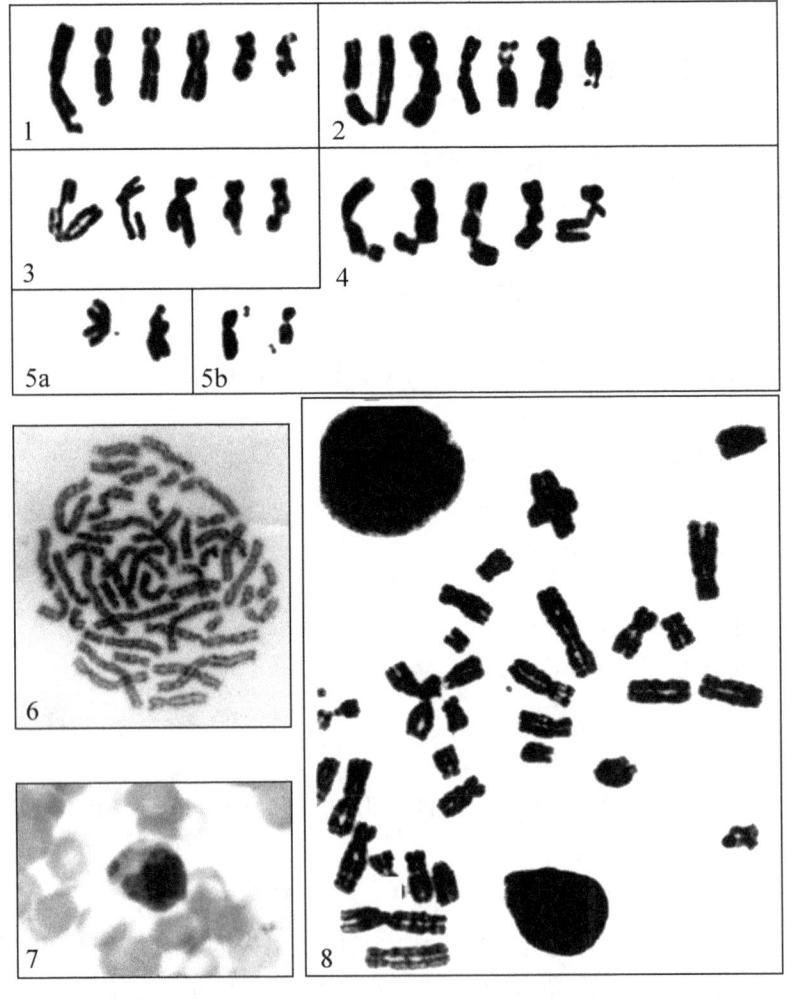

图 4-12　染色体畸变的各种类型

1，2. 染色体裂隙；3，4. 染色体断裂；5a. 单微体；5b. 双微体；
6. 多倍体；7. 微核；8 核内复制

(2) 观察 G 显带染色体片，标记 4~6 个带纹清楚、染色体分散良好的分裂相，手图记录分裂相中染色体的位置及畸变染色体。

(3) 细胞摄影，放大四寸相片 2 张。

(4) 将一张相片上的染色体逐条剪下，进一步辨认、排列和粘贴。排列时，畸变染色体放在同源染色体的右侧，同时用箭头标出。另一张相片作为对照。

(5) 按 1978 年人类遗传学命名的国际体制报告核型。其书写顺序为：染色体数目→性染色体（X，Y）→确定的异常染色体（倒位-inv；等臂染色体-iso；易位-t；缺失-del 等）→确定的标记染色体（mar）。例如，46X，-Y，t（8；21）（q22；q22），表示患者有 46 条染色体，Y 染色体丢失，8q22 和 21q22 区断裂，断片移位结合形成一条易位标记染色体。

核型研究中除最常用的 G 显带外，还有 R 显带（标本经高温 80~90℃ 盐酸液或 BudR 与 Hoechst 33258 荧光染料处理）、Q 显带（标本经氮芥吖啶因处理）。R 带带纹深浅与 G 显带相反，Q 带与 G 带带纹一致。另类染色体显带技术能识别染色体特定带和结构，如 C 带（标本经 NaOH 液 pH 11 处理）能识别 1，9，16 号三条染色体及 Yq 远侧区。还有 T 带（端粒带）、NOR 带（核仁组织区银染带）（见图 4-13 和图 4-14）。

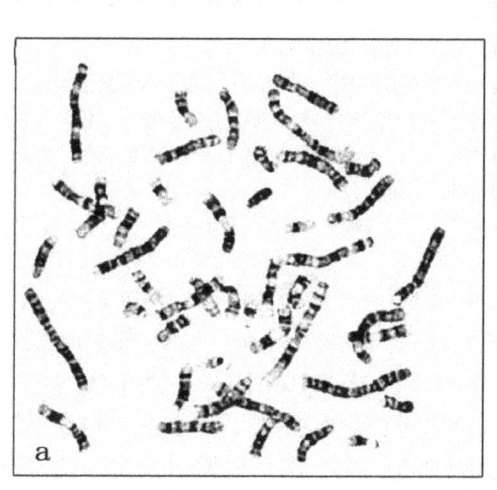
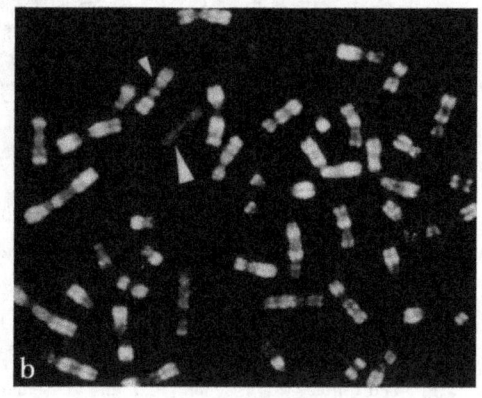
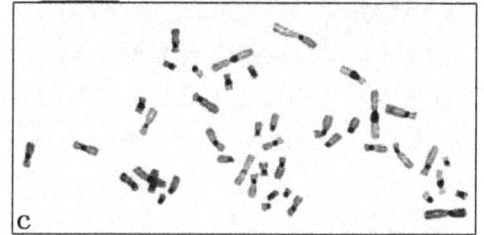

图 4-13　人染色体中期分裂相（1）

a 图：G 显带；b 图：R 显带（箭头示晚复制 X 染色体，其旁为正常荧光强度 X 染色体）；c 图：C 显带

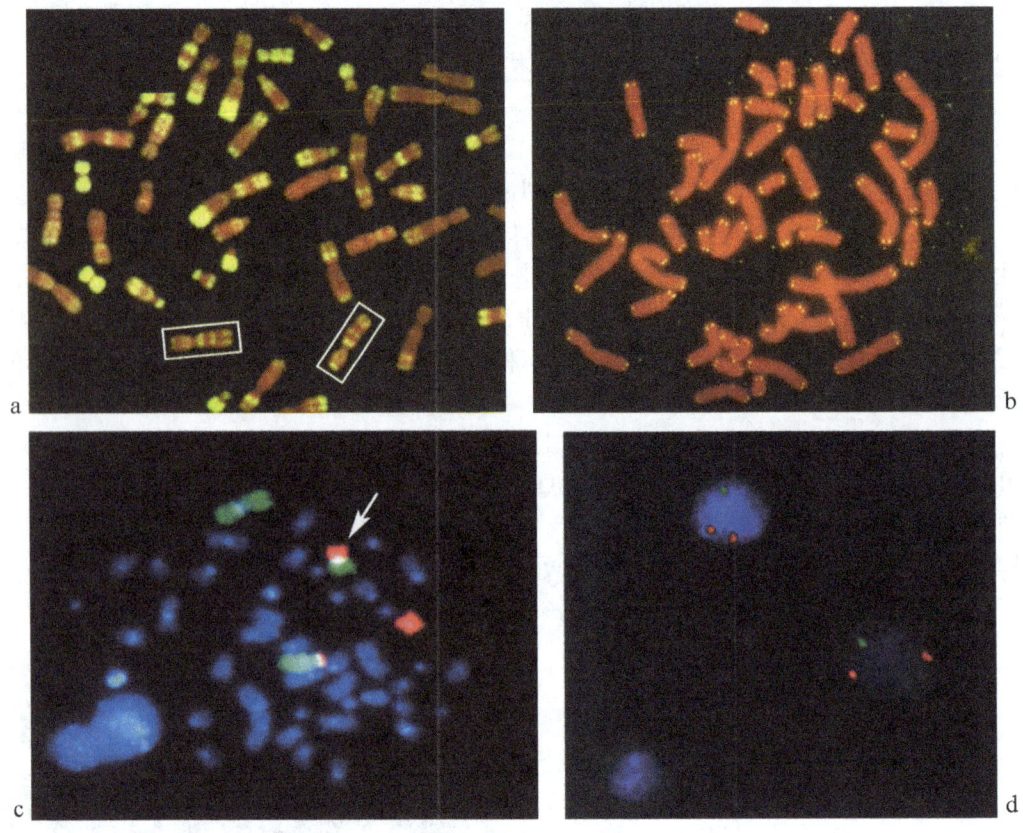

图 4-14 人染色体中期分裂相（2）

a 图：Q 显带（氮芥哇吖因液染色），框示配对的同源染色体；b 图：T 显带（TTAGGG 荧光探针）；c 图：46，XY，t（1；18）（p31；p11），骨髓细胞 1 号染色体绿色荧光，18 号染色体红色荧光，箭头示易位染色体（杜冰医师图版）；d 图：46，XY，der（15）t（Y；15），间期细胞有两个 Y 染色体荧光杂交信号（红色），一个 X 染色体荧光杂交信号（绿色）（赵丽医师图版）

Figs a and b from：Karp Gerald. Cell and Molecular Biology：Concepts and Experiments. New York，1996

  1986 年 Pance 建立荧光原位杂交技术（Fluorescence In Situ Hybridzation，FISH）。FISH 技术是使用荧光素标记的 NDA 靶序列做探针，将小于 2~4 Mb 的隐蔽被检目标转变成视觉信号，使微小 DNA 重组检测的敏感性提高了 10 倍。在 FISH 技术基础上，后又产生了染色体涂染技术。这些技术为人类染色体研究提供了新手段。FISH 具有快速、敏感、能同时显示多种颜色等优点，并能同时进行多个探针的原位杂交，比较准确地检测出染色体微小结构畸变、复杂易位、非整倍体（见图 4-14）。目前这种技术已应用在肿瘤非整倍体的鉴别诊断和产前产后诊断等方面的研究。

七、姐妹染色单体区分染色法

5-溴脱氧尿嘧啶核苷（BrdU）进入细胞后能替代胸腺嘧啶核苷，根据 DNA 复制是半保留复制的理论，在含有 BrdU 的培养基中，连续生长两个周期的细胞（人类外周血淋巴细胞一般为 48 小时），在中期染色体上就可观察到着色深浅的姐妹染色单体。一般认为，这种细胞的同一染色体的两条染色单体（姐妹染色单体）中，一条是由单股的 DNA 链组成，另一条是由双股都含有 BrdU 的 DNA 链组成。双股都含有 BrdU 的染色单体染色浅，单股含有 BrdU 的染色单体着色较深（见图 4-15）。因此，姐妹染色单体区分（Sister Chromatid Differentiation，SCD）着色可以判断细胞分裂次数，并可以计算姐妹染色单体互换率（Sister Chromatid Exchange，SCE）。SCE 可灵敏地反映 DNA 系统的功能和染色体的稳定性，利用 SCE 频率变化，可探测一些疾病的发病原因，并为遗传毒理学实验提供了有效手段。

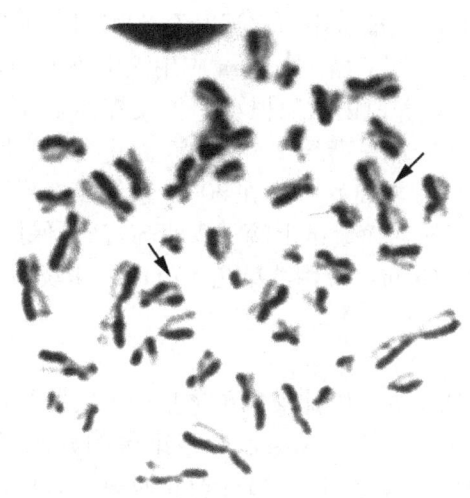

图 4-15　姐妹染色单体互换

（一）试剂和材料

（1）直径 16 mm 培养皿，30 W 紫外线灯，电热恒温水浴锅，0.075 mol/L KCl，甲醇冰醋酸固定液，Giemsa 染液，pH 7.4 淋巴细胞培养基。

（2）5-溴脱氧尿嘧啶核苷（BrdU）液：用 1/10000 天平称取 BrdU 1 mg，置灭菌青霉素瓶中，加 2 ml 灭菌生理盐水，避光置 4℃ 冰箱保存。

(3) 2×SSC 液：① 0.3 mol/L NaCl。1.74 g NaCl 溶于 100 ml 蒸馏水中。② 0.03 mol/L Na$_3$C$_6$H$_5$O$_7$·2H$_2$O。0.882 g 柠檬酸三钠溶于 100 ml 蒸馏水中。临用前①和②两液体积按 1:1 比例混合，即成 2×SSC 液。

（二）操作步骤

(1) 5 ml 培养基中加入 0.3 ml 抗凝静脉血，轻轻摇匀，置 37℃ 温箱培养。

(2) 培养 24 h 左右，每 5ml 培养基中加入终浓度为 10 μg/ml 的 BrdU，避光 37℃ 继续培养。

(3) 培养至 68 h 左右，加入秋水仙素（终浓度 0.02 μg/ml），继续培养 3 h。

(4) 收集细胞、低渗、固定、制片（同染色体制备技术）。

(5) 姐妹染色单体区分染色：制片经 37℃ 老化 24~72 h 或 60~70℃ 老化 2 h 后，可用两种方法进行处理。

① 热磷酸盐处理法。将标本片浸入 85℃ 左右 pH 8.0 的 1 mol/L 磷酸二氢钠溶液中（7.8 g 磷酸二氢钠溶于 50 ml 蒸馏水中，水温升至 80℃ 时，加 2 g NaOH）10 min 左右，自来水冲洗，蒸馏水漂洗，空气干燥，Giemsa 应用液染色 10 min。

② 紫外线照射法。a. 培养皿内放数根小木棒支撑标本片。b. 培养皿放在 50℃ 水浴锅热金属板上，玻片表面滴加一薄层 2×SSC 液，并覆盖一擦镜纸条。皿内加少量 2×SSC 液（皿内温度保持 50℃ 左右）。c. 在 30 W 紫外线灭菌灯下，玻片距离紫外线灯 6 cm，照射 20 min，中间不时向擦镜纸上滴加 2×SSC 液，保持擦镜纸湿润。d. 流水冲洗，蒸馏水洗，空气干燥，Giemsa 应用液染色 10 min，水洗后空气干燥。

（三）观察

显微镜下可见一些分裂相中，姐妹染色单体呈现鲜明的深浅不同颜色。计数时，每条染色体以一条染色单体为据，每个深染区和浅染区的界面算作一次交换（着丝粒交换包括在内），明显扭转除外。计算 15~20 个分散良好、长度适中、两姐妹单体互换清楚的中期分裂相。健康中国人的 SCE 约为 5%。

> **注意事项**
>
> （1）紫外线照射法结果稳定。
> （2）染色是关键，应掌握适当的染色时间（在显微镜下观察染色过程）。染色过头时，两染色单体差异不明显。
> （3）染色体要稍长些，便于准确计数。

第五节　显微摄影技术

一、显微镜的光学部件和显微照相操作

显微摄影即利用摄影装置拍摄显微镜视野中所观察的物像。被摄影物体的影像质量，取决于显微结构的性能和摄影操作水平。

（一）显微镜光学部分构造

1. 物镜

物镜（Objective）是显微镜最主要的光学部件，显微镜的分辨力主要取决于物镜的数值孔径（镜口率，Numerical Aperture，NA）。

（1）物镜的种类。

① 消色差物镜（Achromatic Objective，Ach）。这是一种常见的物镜，物镜外壳上不列代表标志。物镜把光谱中红、蓝光聚焦一点，黄、绿光聚焦一点，最佳清晰范围 510～630 nm。这种物镜不适于摄影用，如加用黄绿滤色镜，可获得较为清晰的照片。

② 复消色差物镜（Apochromatic Objective，Apo）。这一种物镜能把光镜中红、蓝、黄聚焦一点，纠正了红、蓝光的球差和其他像差，最佳清晰范围 400～720 nm。适用任何色光下或加用各色滤色镜进行观察摄影，也适用彩色摄影。但 Apo 物镜残留有像场弯曲，使平面物体形成类似球面的弯曲影像，结果使视野中心和边缘的影像不能同时聚焦，拍出的底片中心清晰，边缘模糊或反之。

③ 半复消色差物镜（荧光石镜，Fluorite Objective，Fl）。最佳清晰范围 430～680 nm，色差校正介于①与②之间。

以上三类镜头的缺点是皆有像场弯曲，并随放大倍数增高而递增，因此难以获得完善的摄影效果。

④ 平场消色差物镜（Plan Achromatic Objective，Plan 或 Pl）。这种物镜纠正了以上三类物镜的缺点，校正了像场弯曲，不存在视野中心与边缘不同时准焦的现象。由于影像展开，在同样倍数下，影像要比一般物镜的影像大。平场消色差物镜有多种类型，其中平场复消色差镜头是最佳镜头。

（2）物镜壳上标志和识别：

① 物镜色差程度：Apo（复消色差物镜），Fl（荧石物镜），Plan 或 Pl（平场消色差物镜）。

② 放大倍数：4，10，20，40，100。

③ 放大倍数和数值孔径 NA：10/0.25，40/0.65，100/1.25。0.25，0.65 和 1.25 为镜头数值孔径，数值孔径愈大，分辨力（物体相邻两点分辨清楚的极限距离）愈高。各镜头上数值孔径示该镜头最大数值孔径，调节孔径光阑大小可以改变物镜孔径，改变后的孔径为有效数值孔径。分辨力的计算公式为：

$$\delta = \lambda / (2 \times NA)$$

式中：δ 为最小分辨距离；λ 为入射光波长；NA 为物镜的数值孔径。从公式中可见，物镜的分辨力是由物镜的 NA 值和照明光源的波长这两个因素决定的。若射入光线为单色绿光，其波长为 550 nm，若配以 1.25 的物镜，则 $\delta = 550/(2 \times 1.25) = 220$，也就是该物镜能分辨出 220 nm 以上的两个物体点。

④ 标准机械筒长 160 mm 或 170 mm。

⑤ 盖玻片厚 0.17 mm，常以 170 mm/0.17 mm 表示。载玻片厚 <1.2 mm。

⑥ 物镜与被检样品的介质情况。干燥系物镜无符号；油浸镜标志为 OIL，OEL，HL 或 IMM 字样；水浸镜标志为 W；甘油标志为 Glyz。

$$NA = \eta \times \sin u/2$$

式中：NA 为物镜的数值孔径（即物镜的镜口率）；η 为介质的折射率；u 为镜口角。由上式可见，增大介质折射率可以提高物镜的分辨力。这就是油浸系或水浸系物镜能提高分辨力的原因，如水的折射率为 1.333，水浸系物镜的 NA 值最大可达 1.25，香柏油或无荧光油的折射率都在 1.515 左右，油浸系物镜 NA 值在 0.85~1.4 之间。

2. 目镜

目镜（Eyepiece）是实像和肉眼间的放大镜，将物体进行第二次放大，并纠正物镜余下的像差和色差。目镜由两片（组）透镜组成，眼透镜决定放大倍数和成像的优劣，场透镜可使视野边缘的成像光线向内折射，进入眼透镜中，使物体的影像均匀明亮。目镜筒内装置一金属的光阑，物镜放大后的中间像就落在金属光阑平面处，它是目镜中的指示标志，目镜测微尺及分划板均放在这个位置上。从目镜中透射出来的光线在接目镜外相交，这个相交点称为眼点（Eyepoint）。观察时眼睛应处在眼点位置上（距离目镜2 cm左右），这样才能接收从目镜射出的全部光线，看到最大的视场，否则会造成图像的晃动和不适感觉，影响观察效果。物镜的数值孔径决定显微镜的分辨力，目镜的作用是放大。因此，对于物镜不能分辨出的细微结构，目镜放得再大，也仍然不能辨认。目镜有标准型和广视场型两种。按用途又分为观察目镜、照相目镜和取景目镜。照相目镜专供显微照相之用，它是一种负焦距目镜，眼点位于目镜内，因而不能用于观察。它的特点是视场平坦，可校正物镜的残留色差，使投射到感光片上的图像四周与中心都尽可能在一个焦点平面上。照相目镜专用于显微照相，其放大倍率不高，一般在2.5~6.7倍之间。照相目镜外侧或端面刻有"PHOTO"，"FK"，"NFK"字样。合轴调整目镜外侧有CT字样。

3. 目镜和物镜组合

（1）显微镜的有效放大率为所用物镜数值孔径的500~1000倍。目镜与物镜组合的前提是放大倍数在有效放大率范围内。

物镜放大倍数	10	40	100
物镜数值孔径	0.25	0.65	1.25
有效放大率	125~250	325~650	625~1250
目镜放大倍数	12.5~25	8~16	6~12.5

当所选目镜的放大倍数低于有效放大倍数，物镜分辨力本来可以辨认的细节，因总的放大倍数太小，挤在一起，难以分辨。

当所选目镜的放大倍数高于有效放大倍数，所得放大倍数叫"空的放大"，对影像细节的分辨能力没有提高。

（2）在有效放大率前提下，要提高对物像细节的分辨能力和清晰度，必须使用高数值孔径的物镜和低倍目镜。这是在观察和摄影时都必须遵循的。

例如，数值孔径为1.3的物镜（标记为100/1.3）与放大倍数4的目镜组合，总放大倍数为400，若入射光为绿色光，分辨力为270 nm。

数值孔径为0.65的物镜（标记为40/0.65）与放大倍数为10的目镜组合，总放大倍数为400，$\lambda=550$ nm时，分辨力为500 nm。

两种组合结果，显然第一种能提高物像分辨力。

4. 聚光器

聚光器（Condenser）的主要作用是使光源发射的光有效地聚焦到标本上，以产生与物镜相应的光束，提高物像的分辨力。研究显微镜的聚光镜外侧边缘具有刻数和定位记号（见图4-16）。

(1) 聚光镜。聚光镜由1至数片透镜组成。聚光镜有聚光作用，它的数值孔径为0.25~1.40不等（即聚光镜的镜口率），聚光镜的数值孔径受光阑控制。

(2) 孔径光阑。孔径光阑安装在聚光镜内。孔径光阑的开放与收缩，调节聚光镜数值孔径的大小（见图4-16），使图像分辨力、反差和焦深处在最佳状况。

显微镜的功能主要决定于物镜的性能，而物镜的性能又决定于物镜数值孔径，物镜的数值孔径又与聚光镜的数值孔径相关，两者孔径相等时，物镜分辨力最高。但显微摄影不同于一般摄影，其最大的区别是影像反差小、焦深浅，这两点可随孔径光阑的缩小而提高。孔径光阑小于物镜的数值孔径时，物像的分辨力的亮度降低，但影像反差和焦点深度提高，使影像更加清晰。所以，在不过多降低分辨力的前提下，要将孔径光阑数值调到所用物镜数值孔径的60%~80%，见图4-17。例如，物镜数值孔径为1.0时，孔径光阑的数值调到0.6~0.80。

物镜有效镜口率 = （物镜的镜口率 + 聚光镜的镜口率）/2

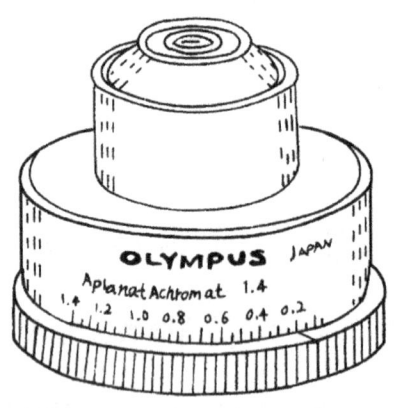

图4-16　聚光器外刻度数值表示

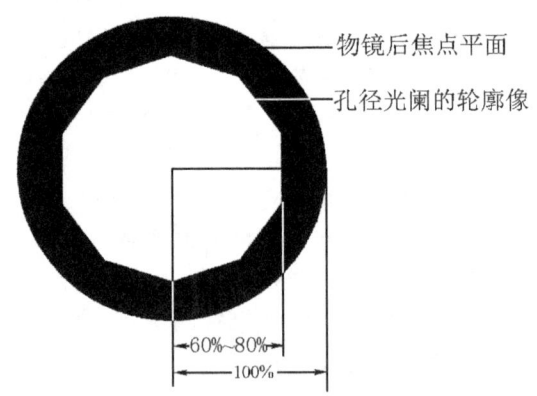

图4-17　聚光镜孔径光阑调节

注意事项

（1）显微摄影的照明光线过强时，可以通过改变灯的亮度（降低电压）、用深色滤光片或增加滤光玻片的数目来调节，千万不要改变聚光器的位置或缩小光圈，否则会降低显微镜的分辨力。

（2）被检物为活体标本或未染色标本时，应缩小孔径光阑，加强明暗对比。但孔径光阑数值一般不能小于物镜孔径数值的60%。为了减少物镜的分辨力的降低，必须加强照明光线的强度。

（3）若聚光器外方没有刻度时，可以在标本调焦后取下目镜，眼睛离目镜头5~10 cm处，左眼观察镜筒，边看物镜的后焦点平面，边缓慢增大孔径光阑，至物镜后透镜呈一明亮圆时再将孔径光阑适当缩小（估计其为物镜孔径数值的2/3），然后放回目镜。如图4-18所示。

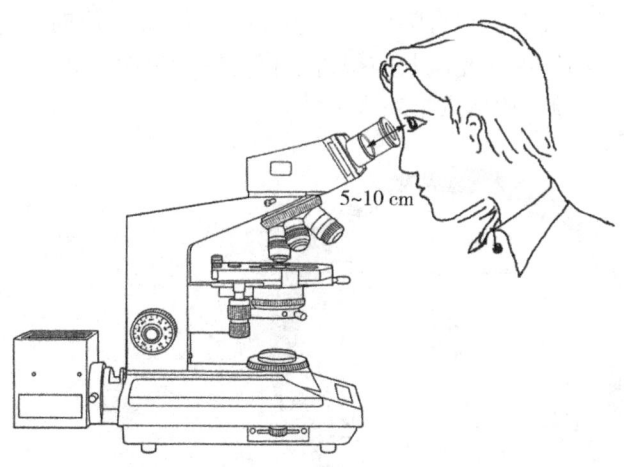

图4-18 聚光器无数值孔径的光阑调节

5. 视场光阑

视场光阑于镜座之中，其作用有二：一是以控制照明光束的直径。它根据物镜的倍率给予不同直径的光束面积。视场光阑过小，视野亮度不足，影像不清晰［见图4-19（a）］；视场光阑过大，光束直径超出孔径光阑，造成光线的乱反射，也影响影像的清晰度［见图4-19（b）］。二是在显微摄影时，起着增强影像反差的作用。

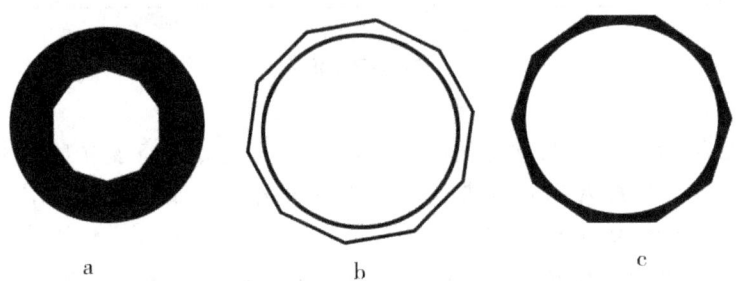

图 4-19 一般镜检时视场光阑的调节
(a) 视场光阑过小,视场周缘得不到照明;(b) 视场光阑过大,
有散射光的干扰;(c) 视场光阑处于视场的外切位

一般观察时,应先用聚光器调中螺旋把视场光阑调到视场中心位置,然后让多边形光阑处于视场的外切位或稍大一些 [见图 4-19 (c)]。

显微摄影时,视场光阑收缩到距取景框边缘外 3~4 mm 位时,摄影图像反差得到改善 [见图 4-20]。如果视场光阑收缩得过于接近取景框时,则图像的四角将被切去,因为实际拍摄的视场范围要比取景框略大一些。

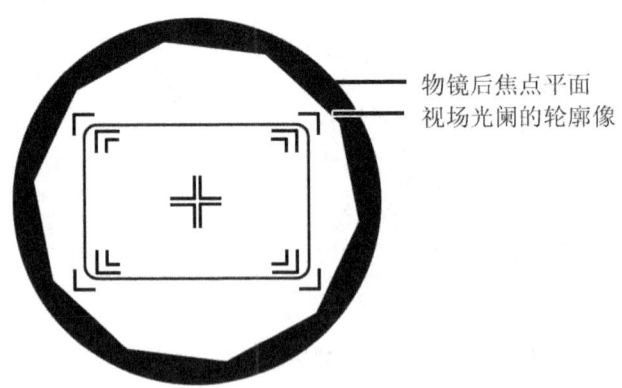

图 4-20 显微摄影时视场光阑的调节

(二) 滤光镜的选择

滤光镜(Light Filter)又称滤色镜,滤光镜为有色玻璃或有色胶膜制成的透明镜片,它在显微镜的镜检和显微照相中的作用是不可忽视的。合理地选用滤光镜能提高图

像的衬度、分辨力和增强反差；在彩色显微照相中，它能调节光源的色温。常见的滤光镜见表4-5。

表4-5　滤光镜常见种类及功能

种类	功能
反差滤光镜（蓝、黄、绿和红）	用于控制黑白摄影反差
色温平衡滤光镜	用于转换显微镜光源的色温，以适合彩色感光片的要求，如LBD-2N，LBT
ND（中性密度）滤光镜	用于降低光的亮度，但不影响色温变化
吸热滤光镜	用于吸收显微镜光源发散出来的辐射热，以防止对活体材料的损伤。这种滤光镜可通过少量的蓝色光
Cc（彩色补偿）滤光镜	用于彩色还原方面，如使颜色的轻微变化或者彩色照片的冲洗过程中某种颜色的衰减

一般生物医学标本显微照像时，往往存在反差较小的弊端，因此在光路中常用增加滤光镜来控制照明光线，以增加底片上影像的反差。要获得理想的底片，滤光镜的颜色应与标本颜色互补。因为滤光镜对各种色光有选择吸收的特征，与滤光镜相同的光则能通过。黑白显微摄影时，用绿色滤光镜，绿光被通过，而与之互补的色光则被吸收。如染色体染成紫红色，而与之互补的色光即紫外线红光全部被染色体吸收，这样底片上染色体部分为白色，其余部分为黑色，洗出的照片将显现深黑色的染色体，标本背景是白色，影像清晰，黑白分明。因此要得到最好的摄影效果，必须根据标本的特点选择增强标本颜色和反差的滤光镜片。摄像时参考表4-6。因胶片感光后形成的效果与视觉效果相似，因此也可以根据镜下视觉效果挑选合适的滤光镜。

表4-6　黑白摄影时滤光镜的选择

标本颜色	滤光镜的颜色
红色/黄色	绿色
黄色/橙色	蓝色
蓝色	橙色

彩色显微摄影时，要根据所使用的感光片型号选用滤光镜：日光型彩色感光片选用LBD-2N滤光镜，灯光型彩色感光片选用LBT滤光镜。我国市场没有灯光型胶片，调节

色温方法见本章后面第（六）部分内容。光强时，选用 ND 滤光镜降低光的强度。ND 滤光镜圆环上的数字为透光值，例如"ND6"指仅有 6% 光通过。

（三）显微照相操作前的准备

1. 细胞摄影标记点的准备

（1）寻找细胞密度合适、背景清晰、形态结构完整、染色鲜艳的视野。

（2）在载玻片的背面给摄影部位作标记。

（3）不同部位标记时，注意在同一方向上作标记（如细胞的左上角），以便摄影时迅速找到目标。

2. 光路系统的清洁

显微照相必须保证光路系统的清洁，任何光学部件有了污垢及灰尘，均会影响照片的质量。物镜、目镜及聚光镜等光学部件，如污垢长期得不到清理，还会引起霉菌的生长，致使不能应用。各部件擦试时，只能清理表面，而不应任意拆卸。清洁工具是用吹气球或驼毛刷除去灰尘，用软质擦镜纸蘸上乙醚－纯酒精（3∶1）混合清洁液，从镜片中心向外按螺旋形的方向擦拭。注意：不要将这种混合液碰到镜体的塑料部分，以防损坏镜体。可用放大镜或将目镜倒过来观察检查透镜的表面。如果透镜表面反射的颜色不均匀，则表示镜表面还有污垢存在。清洁完毕随即用吹气球对着透镜吹几下，使整个表面完全干净明亮。

3. 光轴中心调整

即按 Köhler 照明法（临界照明）调光，使灯泡中心、聚光镜中心、孔径光阑中心都在镜筒长轴上成一直线。其步骤如下：

（1）光源灯丝位的调整。Olympus BH 系列显微镜无需调整。若需调整，其方法是：打开光源开关，在视场光阑处放一张白纸，可见灯丝像的出现，调整时转动灯室外方三个旋钮，使灯丝像清晰，并在中央位。

（2）聚光镜中心调整。用 10×物镜调好焦点看清物像，将视场光阑收缩到最小位，再慢慢转动聚光镜上下旋钮，至视场内见到清晰的多边形视场光阑轮廓像为止。此时视场光阑成像在标本平面上，这是摄像时的聚光镜位，在摄像过程中聚光镜位要一直保持不变。如果多边形视场光阑不在视场中央时，先将视场光阑缩小至最小位，再慢慢地转动聚光镜外侧的两个调中螺钉（调中螺杆），将视场光阑像调整至视场中央。视场光阑是否在中央位的判断方法是：缓慢增大视场光阑时，可看到光束向视场周缘均匀展开，若视场光阑的多边形角正落在视场圆周上，说明视场光阑像在视场中央位，它的中心与光轴在一直线上，两者已经合轴。合轴后，再略为增大视场光阑，其多边形的边刚好处于视场外切位。此时完成了聚光镜中心调中操作。

(3) 调节孔径光阑大小，使聚光器数值孔径为物镜数值孔径的 60%~80%。

(4) 视场光阑调节见步骤（2）。这样，光源、聚光镜、标本、目镜、底片中心全部在一条光轴直线上。

4. 人眼屈光度的校正

由于每个人的眼睛屈光度不完全一样，观察标本时，甲看清视场中的图像，乙认为不清晰，这是由于两人眼睛的屈光度有差异，只要调节微调螺旋，就会获得清晰的图像。但是在显微照相时，用这种方法是不行的。因为上述是通过改变工作距离的长短而得以补偿两人眼睛的屈光度，而显微照相则必须使物镜处于其本身的工作距离处，使成像清晰地落在感光片的平面处，才能使感光片得到清晰的图像。显微照相的调焦，必须利用聚焦望远镜或聚焦放大镜，进行屈光度的校正。其方法是：

(1) 用一只眼睛（常用左眼）观察取景框内十字线图像，旋转聚焦望远镜镜筒上的圆环，使取景框内双十字线达到最清晰的程度。图 4-21 是观察者眼睛屈光度的校正。

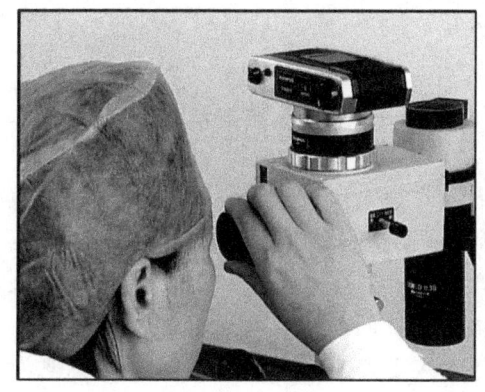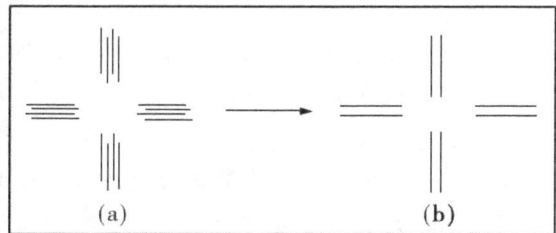

图 4-21 屈光度的校正

(a) 双十字线模糊不清，屈光度未得到校正；(b) 双十字线清晰，屈光度校正

(2) 进一步调焦（小螺旋）使物像清晰，见图 4-22。双十字线和物像均清晰时，即可进行曝光。

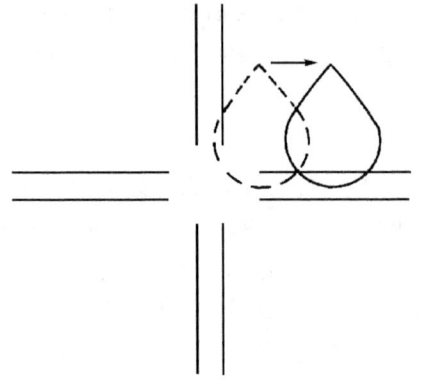

图 4-23 物像调节
实像为调节好的图像

注意事项

（1）由于两眼屈光度也会存在差异，因此只用一只眼睛调节双十字线和标本焦点。

（2）在调节双十字线时，应尽快予以调准，否则长时间调整，人眼会产生适应性，则不易调准确；如遇此情况，可远眺前方稍待片刻后再进行调节。

（3）使用 4× 以下的物镜时，还会产生调焦的误差，可利用"聚焦放大镜"来克服误差。其方法是：将聚焦放大镜按在聚焦望远镜的前方，拧紧固定螺钉，出入移动聚焦放大镜的前透镜，成焦在清晰的双十字线上，细调节物像清晰，示焦点对好，见图 4-23。

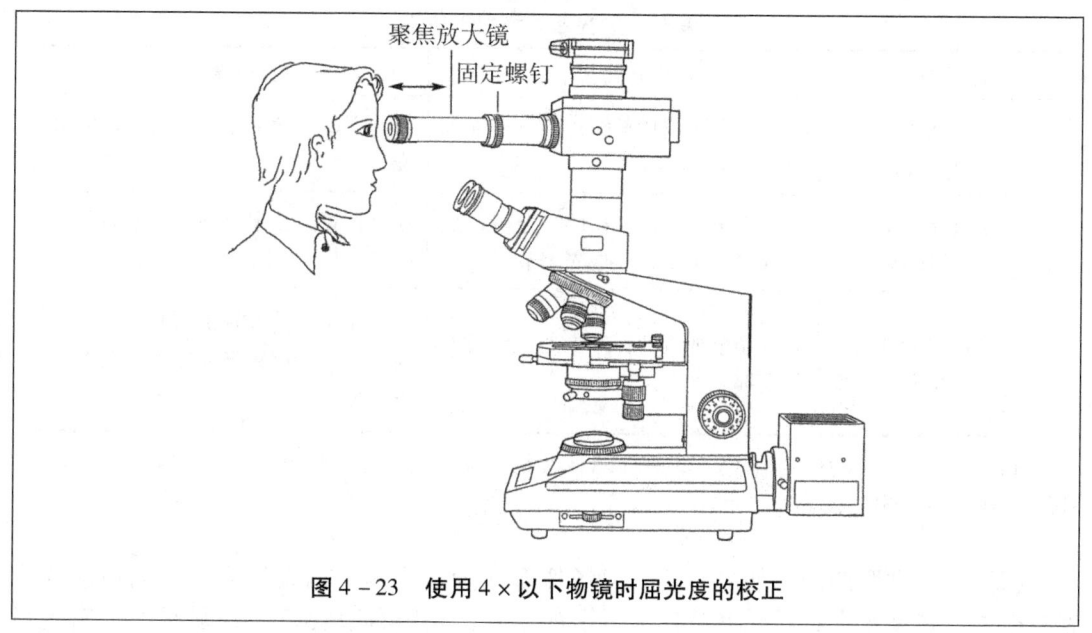

图 4-23 使用 4× 以下物镜时屈光度的校正

（四）Olympus PM-10 AD 型全自动黑白显微照相操作顺序

（1）全自动显微照相装置控制器的作用如下：

① 按感光片尺寸的按钮，如 135 相机按"35"处的键。

② 感光片正确地装入相机。

③ 按卷片钮 wind 到数字"1"位。

④ ASA 速度盘对准使用胶卷的感光速度，如国产 21°Din 全色胶卷 ASA 为 100，200，400。

⑤ 根据标本在视野中的分布，调节 Exposure Adj 的刻度盘，一般标本置 1 位。

⑥ 胶片特性补偿刻度盘（RECIPROCITY）的标准参照程序片，一般胶片置 4 位。

⑦ 调节曝光速度钮，一般调节在"AUTO"（自动）的位置上。

（2）光路转换捏手的拉杆置绿色 CVE 标记处。光路转换捏手的用法见表 4-7。

（3）将合适的滤光镜放在光的出口窗（视场光阑）上。滤光镜必须平整，不能倾斜且不能有瘢痕、手印及灰尘，否则将影响清晰度。

（4）标本置载物台上，打开主开关，曝光安全灯（Safety）亮（绿色）。

表 4-7　光路转换捏手用法

捏手位置	光路	用途
白光带 CE（全按入）	80% 光进入胶片平面；20% 光进入曝光调节器	在暗视场，偏振光或荧光下拍摄标本
绿光带 CVE（中间位）	64% 光至胶片平面；16% 光至聚焦望远镜；20% 至曝光调节器	在这位置进行聚焦观察标本时，快门能开启
黄光带 VCT（全拉出）	80% 光至观察器；20% 光至色温度测光部	此位用于彩色胶片摄影时测定色温时间，或者因视场太黑，不能对焦点时使用

注：EC 表示照相机白色文字；CVE 表示照相机绿色文字；VCT 表示观察器、色温度计、黄色文字。文字的颜色与手轴的颜色相对应。

（5）调节两眼瞳距，使左右两个视场像合二为一。调节两眼屈光度，以适应观察者的视力。调节方法如下：使用 10× 目镜观察时，先用右眼观察（左眼闭上）右侧目镜，边观察边调节右侧目镜屈光度调节环，直到调好焦点后，再用左眼同样观察左侧目镜，并调节左侧目镜屈光度调节环，直至获得最清晰的图像。

（6）聚光镜中心的调整。使视场光阑像与标本在一个平面上，视场光阑在视场中央位。

（7）孔径光阑的调节。使孔径光阑数值为物镜孔径数值的 60%~80%。

（8）视场光阑的调节。将标本摄影点移入视场中心位。

（9）旋转聚焦放大镜的视度补偿环，使取景框内双十字线与标本像都清晰。眼休息后，重复调节 1 次。正常情况下，聚光镜调中完成后，略增大视场光阑，使视场光阑距离取景框角 3~4 mm（镜下目视）。

（10）将电压调节到照相位置，黑白摄影常用 6 V。

（11）再次用眼环视一下，看双十字线与图像是否均清晰，若有移动则再次调焦。

（12）按 Expose 按钮，快门开放，曝光，控制器工作灯亮。曝光结束，灯熄灭，胶片自动过卷一帧。卷片指示灯（TIME OFF/WINDING）灯亮，并伴有微小的马达驱动声。

说明：自动曝光器显示时间数字代表整个视野的曝光时间平均值。对标本中某细微的点状、丝状结构拍摄时，需进行曝光时间补偿校正。亮视野中一个黑点结构，应适当地加秒；暗视野中一个亮点时，应适当地减秒。

（13）胶片拍完时，"FILM END" 灯亮并发出警报声，按 "TIME OFF" 钮，警告声停。卸下相机。

> **注意事项**
>
> （1）摄影标本：盖玻片单层细胞培养物，组织切片、涂片、印片标本。
> （2）摄影前，用实习显微镜标记摄像点。研究显微境的光轴中心调整后，低电压找标记点，将物像移入取景框中心位。双调焦清晰时，升高电压照相。
> （3）若取景框视场光阑偏离中心位时，用聚光镜调中螺钉及时调整。
> （4）摄像时避免振动。
> （5）每张摄像时间控制在 0.5 s 内。超过 0.5 s 时，用下列方法减少曝光时间：① 升高电压；② 曝光盘顺时针调节；③ 光路转换捏手全推入，即置白色带 CE 位；④ 使用高感光度胶片（ASA 200°，400°）；⑤ 光路出口处使用 LBD 滤光镜。
> （6）使用 FK 照相目镜。
> （7）塑料皿（常用 d 60 mm）培养的细胞，经组织化学染色后，可直接在 10×，40×物镜下摄像。

（五）黑白照片上影像不佳及其纠正措施

1. 影像全部模糊

（1）原因：① 取景目镜或聚焦望远镜没有把双十字线调清楚。② 摄影时外界振动或照相机快门工作时震动引起标本焦点移动。③ 选用 4×物镜时，未使用聚焦放大镜，导致对焦差错。

（2）纠正措施：① 调节聚焦望远镜顶部的屈光度校正环，使最清晰地看到双十字线。② 用一只眼睛调节双十字线和标本焦点。③ 用防震台或专门的显微摄影台。④ 增加光亮度（提高电压），缩短曝光时间，每张片 0.5 s 内。⑤ 用 4×物镜时，将聚焦放大镜套在聚焦望远镜前方，再调节眼睛屈光度，以清晰地看到双十字线为止，后再进行物像对焦。

2. 影像四周模糊

（1）原因：① 使用了消色差物镜。② 物镜和照相目镜在组合选用上有错误。

（2）纠正措施：① 改用平场消色差物镜。② LB（长筒）系列物镜一定要选用 NFK 照相目镜，短筒系列物镜一定要选用 FK 照相目镜。

3. 影像分辨力不高

（1）原因：① 物镜和照相目镜组合选用上有错误，如使用 20 倍物镜和 2.5 倍照相目镜。② 聚光器的孔径光阑没有全部打开。③ 视场光阑没有全部打开。③ 盖玻片过厚。④ 标本染色太浅，缺乏反差或着色浅。

（2）纠正措施：① 选用数值孔径大的物镜与低倍率的照相目镜组合，如使用 40×物镜和 2.5×照相目镜。② 缩小孔径光阑，使其孔径数值为物镜数值孔径的 60% ~ 80%。③ 为了减少散射光进入物镜，必须将视场光阑缩小到比照相取景框略为大些。④ 用 0.17 mm 厚度的盖玻片。⑤ 标本复染或加用增强影像反差的滤光镜（常用绿色滤光镜）。如果标本不能进行染色，可用相差、微分干涉差或暗场显微镜，以产生光学上的反差。

4. 图像明亮度不均匀

（1）原因：① 显微镜的照射光源没有调节在中心位置。② 视场光阑离开了光轴位置。③ 光路系统的光学元件被污染。④ 定影时间不够或定影液失效。

（2）纠正措施：① 将照明光源调节到合适位置。② 转动聚光器上的调中螺旋，使视场光阑正好在视场中心位置。③ 请专业人员清洁光路系统中各个光学元件。④ 换新鲜定影液，增加定影时间。

（六）彩色显微摄影操作顺序

（1）调节色温：

① 标本对焦后，移动标本，把玻片透明部分移到视场里。注意：色温调试时，绝不能让染色标本进入光路中。

② 将光程转换捏手拉至 VCT 黄线位置。

③ 转动色温调节刻度盘，使灯光型（钨丝灯泡型 T）或日光型（D）胶片与数字指示器的中心黄色标记对好。

④ 色温调节。使用灯光型胶片时，将 LBT 滤光镜（色温达到 3400℃）装在视场光阑出口窗上，转动色温调节刻度盘，色温计置 "T" 处；使用日光型胶片时，则将 LBD-2N 滤光镜（色温达到 5500℃）装在视场光阑出口窗上，色温计置 "D" 处。然后调节照明光源的电压，使数字指示器中间黄色▶标点亮（上侧的绿色标点亮，示照明光色温比指定的色温高；下侧的红色标点亮，示照明光色温比指定的色温低），示色温调节完成。以后摄影过程中不再改变电压，因电压升高，照片倾向发蓝，电压变低，照片发红。

（2）光程转换捏手置 CVE 绿线的位置。使用 LBD 胶片时，在光路出口处加蓝色滤光片。

注意事项

（1）我国市场只有日光型胶片。日光型感光片用灯光作光源时，应在光路出口加蓝色滤光片调整色温，使钨丝灯色温从3200K左右提高到5500K左右，这样显微摄影时，达到日光型彩色胶片对色温的要求。

（2）彩色摄影常用9V电压。久用显微镜，灯光减弱，色温下降，黄色标点不亮时，电压用10~11V。

（3）使用FK照相目镜。

（3）标本染色部位移入通光孔中，10×物镜调清物像，聚光镜中心位调整，标本标记部位移入取景框视野中心，调节孔径光阑和视场光阑，双十字线和物像调清晰（操作方法同黑白摄影）。

（4）摄影时按已调好的电压进行。光强时，用N，D滤光镜调节。

（5）彩色摄像要求和注意事项参照黑白摄影。

（七）彩色照片上影像问题及其纠正措施

1. 彩色画面背景带有红或蓝颜色

（1）原因：① 由于显微镜照明的色温与使用彩色胶片色温不相匹配，使感光胶片彩色还原性下降，色温偏低，照片色调偏红，反之则偏蓝。② 灯泡电压太低或太高。

（2）纠正措施：① 使用规定的滤光镜平衡色温。如灯光型感光片（T），加用LBT彩色平衡滤光镜；日光型感光片，加用LBD-2N彩色平衡滤光镜。② BHS型显微镜电压调在8.5V。BHT型与BHTV型显微镜电压调到5~6V。③ 如已达到所需要的色温，摄影时，不要再改变电压；如需改变光亮的强度时，可加用中性密度滤光镜调节。

2. 彩色画面的背景带有绿或品红颜色

（1）原因：① 各种彩色胶片，即使采用同一厂家的产品，由于型号不同，彩色还原效果也不一样。② 所用彩色片型号相同，但彩色片乳剂号不同。

（2）纠正措施：① 选择适合自己工作条件的彩色片类型。② 尽量购买乳胶号相同的彩色片。③ 彩色画面背景有浅绿色时，用彩色补偿（Cc）滤光镜进行纠正。Cc05M滤光镜彩色还原最好，相比之下，Cc10M滤光镜彩色还原较差。④ 为保证彩色片的质量，胶卷购买后应置4℃保存。不要购买被日光晒的货架上的胶卷。临用前1h从冰箱取出，使彩色片达到室温后再使用。

(八) 黑白胶片的冲洗和放大

1. 冲洗

胶片拍摄完毕,应在短期内冲洗。冲洗过程包括显影、停影、定影、水洗和晾干等过程。

(1) 把胶片装入显影罐中(切勿粘在一起),先用清水冲洗,排除气泡,使胶片表面潮湿,这样有利于胶片快速与药液接触,转动中轴,最后把水倾出。注意:① 胶片装入显影罐的操作要在暗房袋或暗室中进行。② 暗室操作时,不可以开红灯。

(2) 从顶部罐口注入预先配好的约 450 ml D-76 碱性显影液。20℃ 显影 10~12 min。每隔 1~2 min 轻转中轴,使药液流动,胶片表面不断得到新鲜的显影液。显影完毕,迅速倒出显影液。

(3) 立即注入 SD-1 式停影液,停显时间 10 s(停影液是酸性的,停显的主要原理是利用停影液的酸性与显影液的碱性中和,使显影液失去显影能力,防止显影过度与斑痕出现)。或显影完毕,用自来水反复冲洗。

(4) 停影液倒出后,随之加入 F-5 式酸性坚膜定影液,20℃ 定影 15 min,取出胶片,流水冲洗 30 min 以上。

(5) 胶片挂起,凉干。

2. 放大

(1) 曝光:

① 先将夹底片的玻璃擦干净,再将药膜面向下的底片插入干净的玻璃内。夹片装入放大机机座内。

② 开亮灯光,转动升降螺旋,上下调节放大机与底版间的距离(同一底片试验),当投射在底版上的物像范围与放大尺寸相当时,将升降螺旋拧紧。

③ 调节焦距:将 1 张与放大纸相等厚度的白纸(最好使用废放大纸),放在底版上。开大镜头光圈,转动调焦螺旋,调节镜头与底片间的距离,至物像清晰时,拧紧调焦螺旋。避免调焦误差,可缩小光圈,使景深增大,再次观察辨认。

④ 筛选曝光时间:缩小光圈至适当位置,用红色滤光片挡住投射光线。放大纸裁成数条。将 1 张放大纸和 1 张黑纸放在底版上,线条分 5 段,分段(1/5,2/5,…,5/5)移入光圈内曝光(黑纸相应逐段移开)。每段曝光时间为前次的一半,但最后两次曝光时间应相同。一共曝光 5 次,分别为 4 s,2 s,1 s,1/2 s,1/2 s。经显影定影后,在白光下观察结果,筛选曝光时间。

⑤ 曝光:在暗室红色安全灯下,将按底片大小或放大尺寸裁好的相纸,放入黑纸套内备用。用压纸板压好相纸(注意相纸药膜向上和将纸放正)。推开红色滤片,打开

白灯开关，按筛选时间曝光。相纸曝光后，立即投入显影液中显影。

（2）显影。常用 D-72 稀释显影液。在室温下显影时，用夹子夹住相纸的一角轻轻地左右摇动，使相纸各部分均匀浸透药液，在红色安全灯下照片色调偏深时，为合适显影时间。

（3）停显。将显影合适的相纸立即移入停影液或自来水中，冲洗 20 s，除去残留的显影液。

（4）定影。移入定影液中（常用 F-5 配方）中 15 min 以上，并不时地搅动定影液，使照片各部分均匀定影。定影 5 min，可开红灯观察，片边发亮白时，示显影合适。但胶片还需继续定影 15 min。

（5）水洗。用中速流水漂洗 30 min，或间隔 10 min 换水浸洗约三次。

（6）上光。水洗后的照片一角提起，去掉表面水滴，照片光面向下放于干净的上光板上，加上蓬布盖，用滚动推子轻轻推压，去掉多余水分，而照片紧贴于上光板上，一定时间后即可烘干。

（7）烘干后裁边，装入纸袋并做好记录。

注意事项

（1）要根据底片色调厚薄和反差大小选择放大纸。如底片反差大，色调厚，则应使用 1，2 号纸；如底片反差小，色调薄，则应使用 3，4 号纸。

（2）因放大纸的感光速度较快，放大时应该用比印相时更深色的红灯。

（3）显、定影液盆要比洗相纸大。

（4）放大时所需的曝光时间，除了受灯光强弱、放大纸的感光速度、镜头的光圈等因素影响外，每张底片的浓黑程度及放大倍数也都会影响曝光时间。所以除放大倍数一样、底片浓度基本一致外，一般每次曝光之前都应该进行局部曝光试验，这样可以减少浪费。

（5）反差小的显微摄影底片，放大洗照时尤其要遵循少曝光慢显影的原则。底片发白用 16，8，11 孔径光圈，底片发黑用 4.5，5.6，6，8 孔径光圈。

3. 显影液、停影液、定影液的配制

（1）显影液：

① D-76 显影液（适于胶片显影）配方：

温水（50℃）　　　　　　　　　750 ml

米吐尔	2 g
无水亚硫酸钠	100 g
对苯二酚	5 g
四硼酸钠（硼砂）	2 g
蒸馏水加至	1000 ml

② D-72 显影液（既能显影胶片又能用于相纸显影，为通用显影液）配方：

温水（50℃）	750 ml
米吐尔	3 g
无水亚硫酸钠	45 g
对苯二酚	12 g
溴化钾	19 g
无水碳酸钠	67.5 g
蒸馏水加至	1000 ml

D-72 配方是贮存液。用时应根据材料稀释，加 2 倍药液量稀释，用于印相纸，显影 1~2 min。加与药液同量的水稀释，用于罐中显影底片和盆中显影放大照片。

③ D-11 显影液（高反差显影液）配方。

温水（50℃）	75 ml
米吐尔	1 g
无水亚硫酸钠	750 g
对苯二酚	9 g
无水碳酸钠（钾）	25 g
溴化钾	5 g
蒸馏水加至	1000 ml

用 D-11 显影液，20℃罐中显影 5 min，可获得高反差底片。欲得反差稍低的底片，可加与药液同量的水稀释使用。

显影液的配制方法如下：

① 先称取容量 3/4 的清水，水温应在 50℃左右，按配方的顺序，逐一加入称好的药品，注意：只有前一药品溶解后，方可放入第二种药品，并继续溶解下去，最后将水加至全量。

② 药液配制完毕，要经 12 h 以上的时间，待各种药品充分作用后，才能使用。

③ 显影液移至棕色试剂瓶内，避光保存。

④ 显影液要装满贮瓶，瓶口不留空隙，以减少氧化，增长保存时间。使用时应该根据每次的用量进行配制。

⑤ 胶片用显影缸显影时，每次在用过的显影液中加 3 ml 新显影液。

⑥ 米吐尔是冰片状试剂，呈粉末状时表示药失效。

(2) 停影液（SB-1 停影液）：

  28% 醋酸   48 ml

  水   1000 ml

1000 ml SB-1 停影液，可停显 15 个胶卷。停显时间为 5~10 s。

(3) 定影液：

  甲液：温水（50℃）   1000 ml

     硫代硫酸钠   240 g

  乙液：温水（50℃）   80 ml

     无水亚硫酸钠   15 g

     醋酸（28%）   48 ml

     硼酸（结晶）   7.5 g

     钾矾   15 g

定影液的配制方法如下：

① 乙液药品按顺序分别溶于温水中。甲、乙溶解液温度降至室温时，即将乙液加入到甲液中，并不断搅动。

② 由冰醋酸配制 28% 醋酸，可以用冰醋酸 3 份加清水 8 份即成。定影时间为 15~20 min。

（九）数码照相

目前有的实验室中备有数码照相。数码照相即数码成像，它是以数字形式用电子设备储存图像，通过计算机系统显示。数码图像从扫描仪获得，也可以用数码相机拍摄。图像分辨率与像素（分离单位）数的多少有关。像素越多，图像分辨率越高。分辨率还受计算机记忆容量的限制和打印机质量的影响。数码照相因省去显像过程，而且有立时见效、快速易制作等优点，又可保存于磁盘中，并可用 Adobe Photoshop Pro 软件加工，因而受实验者的欢迎。但这种图像依赖于计算机设备。目前看，数码成像的质量低于胶片感光效果。要获得高精度的图像，还得采用传统的显微照相方法。

二、相差显微镜

人眼只能在光波的波长（颜色）和振幅（亮度）有变化的情况下，才能在显微镜下看到被检物体的存在。但生物体活细胞是无色透明的，当光线通过时，波长和振幅变化不显著，用普通光学显微镜镜检时，就难以观察清晰。相差显微镜（Phase Contrast Microscope，也称相衬显微镜）是一种利用被检物各部分之间及其与介质之间的光程（物体折射率与厚度之乘积）差进行镜检的方法。即是有效地利用光的干涉现象，将人眼不可分辨的相位差变为可分辨的振幅差，使无色透明的物质在镜下清晰可见。

（一）相差显微镜的构造特点

相差显微镜与普通显微镜在构造上的不同之处在于，相差显微镜有环状光阑、相板、中心合轴望远镜等装置。

1. 环状光阑（Ring Slit）

环状光阑一般装在聚光镜的下方，与聚光镜组合为一个整体。它由大小不同的环形光阑装在一个圆盘内，外面标有 10×，20×，40×字样，相应地与不同倍率的物镜配合使用。国产重光 XSZ-D 型为单一环状光阑，附加在孔径光阑的上部。Olympus CK2 型标有 4×，10×，20×，40×环状光阑，装在光源下方可移动的板上，与相应倍率的物镜配合使用。

2. 相板（Phase Plate）

在物镜的后焦点平面装有相板，它分为两部分：一是通过直射光的部分，为半透明的环状，叫"共轭面"，共轭面上镀有吸收膜；另一是通过衍射光的部分，叫"补偿面"，补偿面上镀有相位膜。共轭面的吸收膜吸收一部分直射光。补偿面的相位膜减低光速，使衍射光的位相发生改变。两者结合，就能分别改变直射光和衍射光的振幅和位相，这就是相板所起的作用。有相板的物镜称"相衬物镜"，外壳上标有"ph"字样和 4×，10×，20×，40×标记。

3. 中心合轴望远镜

合轴调正是使环状光阑中心与物镜的光轴完全在一直线上，使环状光阑所造成的像与相板共轭面完全吻合。中心合轴望远镜是 4~5 倍的放大镜，将它安装在镜筒上，使用时，旋转放大镜内镜头，放大两环，便于合轴调节。见图 4-24。

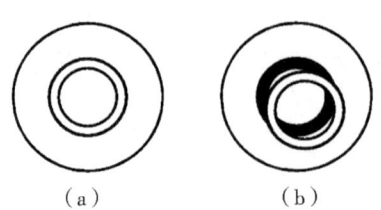

图 4-24　光环调节
（a）重合；（b）未重合

（二）相差显微镜镜检的原理

如图4-25所示，光源只能通过环状光阑的透明环，这束光线通过被检物体，经聚光镜后，因各部分的光程不同，光线将发生不同程度的偏斜（衍射）。由于透明圆环所成的像恰好落在物镜后焦点平面上，并和相板的共轭面重合，因此未偏斜的直射光便通过共轭面，而发生偏斜的衍射光则由衬偿面通过。由于相板的共轭面与补偿面的性质不同，它们分别通过光线时，产生一定的相位差并使光强度减弱，两组光线再经过后透镜的会聚，又恢复在同一光路上行进，而使直射光和衍射光产生光的干涉，变相位差为振幅差。干涉的结果，有的是振幅的同向量，合成波增大，即相长干涉，此部分便明亮；有的是振幅的异向量，合成波振幅变少，即相消干涉，则此部分便暗淡。这样在相衬镜检时，通过无色透明物体的光线，使人眼不可分辨的相位差转变为人眼可分辨的振幅差。

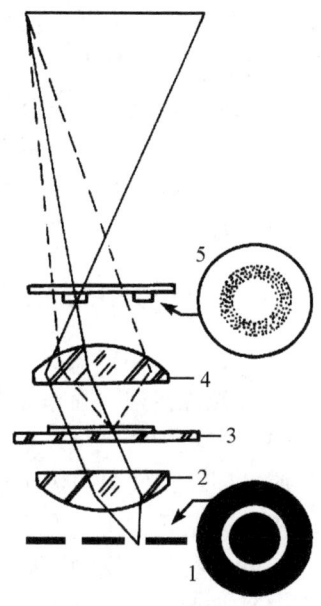

图4-25 相差镜检的光路图
1. 环状光阑；2. 聚光镜；
3. 被检物体；4. 物镜；5. 相板

（三）重光 XSZ-D_2 型相差显微镜的摄影程序

（1）标本置载物台上。

（2）10倍物镜旋入光路，调整两眼瞳距。

（3）按 Köhler 照明法调光。视场光阑和孔径光阑处于关闭位置，微降聚光器，使视场光阑图像清晰。调节聚光器上的两个调中螺旋，使视场光阑移至视野中心。开放视场光阑，使其多边形周边外切视场边缘。

（4）孔径光阑置最大位，20×相差物镜旋入光路，聚光器内插入与20×相差物镜相应的环状光阑。

（5）合轴调整。取下一个目镜，插入中心合轴望远镜。左眼观察望远镜，左手固定其外筒，右手转动望远镜内筒使其下降，焦点对准时，即看到环状光阑的亮环和相板的黑圆环，开始两者往往是分离的，说明不合轴，利用聚光镜的中心调节钮，移动聚光镜，可以使亮环移动，使它重合在相板的圆环上，如图4-26示。如果两者大小不一，重合不密，可以上下调节聚光镜，则亮环大小将会改变。如果亮环比圆圈小，位于圆圈内侧，应将聚光镜降低；反之，如果亮环大于圆圈（在外侧），应当升高聚光镜。但如果聚光镜已升到最高点而仍不能矫正，则是因为载玻片过厚的缘故。合轴调正以后，除去合轴望远镜，换上目镜进行观察。

（6）绿色滤光镜置光路出口处。

（7）带有胶卷的135相机连接到镜的主体上。

（8）双十字调焦，物像清晰后曝光。

（四）Olympus CK2 型相差显微镜的摄影程序

（1）胶卷入相机盒内（胶片孔眼与卷盘齿合在一起）。

（2）光源接通，显微镜开关至"1"位，电压调节。

（3）光轴中心调节。卸下一个目镜，换上中心合轴望远镜。旋转合轴望远镜内镜头，使光环和相位板图像清晰。聚光镜环状缝隙呈现一亮环，物镜内相板呈暗色黑环。移动相位板亮环（上下左右移动），直至两环重合为止。取下中心合轴望远镜，换上目镜，即可观察。更换物镜后，若相板相环重合偏离时，需进行再调节。

（4）相差物镜倍率与环状光阑倍率相匹配（即 10 × 相差物镜与 10 × 环状光阑配用）。

（5）标本置载物台上，用 10 倍目镜调焦后，将摄影标记部位移入取景框中心位置。摄影拉杆置绿带位。

（6）轻轻旋转观察器刻度端的视度补偿环，取景框内双十字线清晰。物像背景绿色，调焦使标本清晰。再次用眼环视一下双十字线与图像，二者同时清晰时，即可曝光。

（7）实验完毕，电压下降至零位，关闭电源。

> **注意事项**
>
> (1) 高数值孔径的物镜和低数值照相目镜组合可以提高物像反差。
> (2) 相差显微镜可以用于活体材料和固定材料的研究。标本材料厚度 < 20 μm，载玻片厚度 1 mm 左右；玻片过厚，亮环与相板的圆环不能合轴。
> (3) 摄影调焦要求参阅第一部分内容。
> (4) 将光路出口处 IF550 滤片换成 LBD 滤片时，可以提高电压，增强物像亮度，缩短曝光时间，获得浅黄色背景图片。
> (5) 使用 NFK 照相目镜。

三、荧光显微镜

用紫外光照明被检物，使它发生荧光，然后再经显微镜成像放大系统来进行镜检，这种方法称为荧光显微术。

荧光显微术的基本原理为：荧光显微镜（Fluorescence Microscope）光源发出的光，包括可见光与紫外光，经蓝紫色的激发滤光镜后，大部分可见光被吸收，紫外光透过并经聚光镜聚光后，照射在经荧光素处理的被检物上，使发生荧光。目镜观察时，可以看到荧光物质，但看不见紫外光，所以背景是黑的。但这些看不见的紫外光会伤害眼睛，所以必须在目镜内加黄色滤光镜（称阻挡滤光镜），阻挡滤光镜只允许可见荧光通过。落射式荧光显微镜有两种：一种是供荧光技术专用；另一种既可用于高压汞灯作荧光落射或透射镜检，也可用低压卤素灯光源作一般标本镜检。落射式荧光显微镜光路图见图 4-26。

荧光显微镜观察两种荧光：一种是标本本身荧光反应物质吸收荧光激发光能呈现的自发荧光，如正常细胞内的核黄素、细胞色素、维生素、脂褐素等；另一种是被检物组织或细胞内某些成分如核酸、蛋白质或其他分子与荧光染料结合，吸收荧光激发光能呈现特定的继发性荧光。

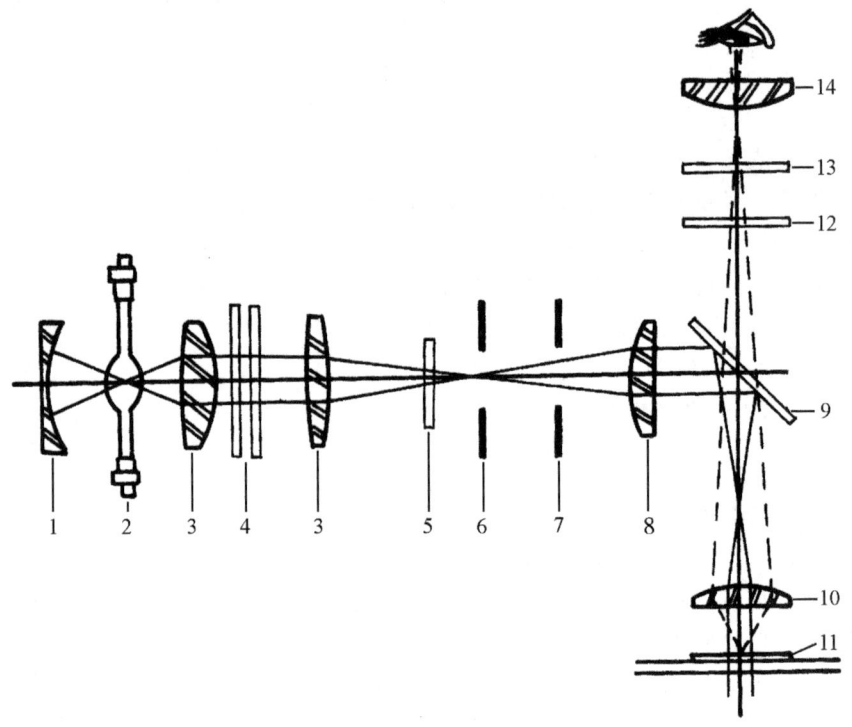

图 4-26 落射式荧光显微镜光路图
1. 反射镜；2. 超高压水银汞灯；3. 聚光透镜；4. 吸热滤光镜；5. 激发滤光镜；
6. 孔径光阑；7. 视场光阑；8. 视场透镜；9. 分光镜；10. 物镜；11. 被检物体；
12. 吸收激发光滤光镜（发射荧光样品）；13. 选择吸收激发光滤光镜（阻挡滤光镜）；14. 目镜

（一）荧光显微镜的结构

荧光显微镜由光源、滤光镜和显微镜三个系统组成。

1. 光源

常用超高压水银灯（200 W）作为发射光源。这种光源的最大发射波长在 365 nm 和 435 nm 处，在 546 nm 处亦有较大的发射波，故适用于生物单胺类荧光、异硫氰酸盐荧光及罗丹明荧光素的激发。高压汞灯装在散热灯室内，与显微镜光路紧密连接。灯室能遮蔽紫外线和散热。高压汞灯还配有启动装置。

2. 滤光镜（见表 4-8）

（1）激发滤光镜。这是由特殊玻璃制造的滤色镜，颜色极深，蓝而近黑。激发滤光镜位于光源和标本之间，作用是让紫外光通过，激发标本中的荧光物质，透光度在365 nm处，亦能通过700 nm的残余红光。

表4-8 各型滤光镜及其应用

激发滤片的型号及激发波长（nm）	阻挡滤光镜的吸收波长（nm）	应 用
Nikon		
UV365（紫外）	410	免疫荧光 FITC，硫代黄素
UV410~420	460	单胺类诱发荧光
BG404~435（蓝紫）	515~530	吖啶橙
BG390~490	515	FITC，芥子奎纳克林、金胺
BG420~550	580	FITC，Feulgen 反应
Reichert		
E_1 360~370（紫外）	SPL（400）	FITC
E_2 350~360 280~400（紫外+红）	SP_2（425）	暗视野荧光
E_3 400~420（蓝紫） E_3 320~480	SP_3（480）	吖啶橙荧光
E_4 390~440 E_4 320~500	SP_2（425）	位相荧光
Olympus		
UV395（紫外）	L-420，435，>435	FITC
UV345，740（紫外+红）	Y455，475，495	芥子奎纳克林，FITC
BG_3 390（蓝紫）	515，530	
BG_{12} 410（蓝紫）	570，590，610	金胺，吖啶橙

（2）隔热滤光镜。高压汞灯除发生紫外光外，还有红外线发出。在长时间红外线的作用下，会引起激发滤光镜的损伤。隔热滤光镜安装在光源与激发滤光镜之间，能吸收红外线热量，保护滤光镜不被烧毁，并可挡住50%的紫外光。从紫外光到绿色光激发，都用隔热滤光镜，既保护了激发滤光镜，又激发了荧光。若单用此组滤光镜，可使高压汞灯光源变为普通的光源，用于一般的观察和摄影。

(3) 阻挡滤光镜。这是一种深黄色的滤片，大小与目镜一致，专供套在目镜上使用，既可让荧光透过，又能阻挡紫外光，保护眼睛。阻挡滤光镜的选择，主要根据激发滤光镜而定。

3. 物镜

因为标本被激发和荧光的收集是由同一个物镜实现的，而荧光效率与物镜数值孔径的 4 次方成正比，所以一般选用数值孔径大的浸没物镜（水浸或油浸）。

4. 目镜

因荧光亮度与目镜放大倍数的平方成反比，所以一般选用较低倍目镜。

（二）荧光镜显微术样品的制作要求

(1) 细胞单层培养物。活细胞或细胞固定后荧光染色。

(2) 石蜡切片要求 10 μm 左右。因石蜡有青色荧光，因此脱蜡必须彻底。切片进入水后，应充分水洗，再经醛基处理后（参阅第四章第三节），荧光色素处理，最后用水封固进行镜检。

(3) 载玻片、盖玻片最好由萤石玻璃制成，如为普通玻璃，则要色泽洁白，厚度符合标准。一切光学部件要干净，避免不洁之物产生荧光而干扰正常的镜检效果。载玻片厚度在 0.8~1.2 mm 之间。

(4) 不能用加拿大树胶作封固剂，因其本身具有青黄色荧光。常用甘油 9 份和 0.5 mol/L 磷酸盐缓冲液（pH 9.0~9.5）1 份混合液作封裱剂。

(5) 使用特别无荧光镜油，也可用甘油、液体石蜡代替。后者折光率较低，对图像质量略有影响。

(6) 荧光染色器材的洗涤方法：玻璃器皿经去污处理后，再经半浓硝酸浸泡过夜，自来水冲洗、蒸馏水浸泡，干燥后备用。

（三）荧光色素与荧光染色

利用荧光色素作染料观察组织细胞和各种微生物的形态结构，细胞内某种生物化学成分的含量变化及探讨细胞的功能状态，或用某些荧光色素标记免疫球蛋白抗体，作为特异性试剂进行免疫细胞化学研究。

荧光色素对光的吸收和荧光发射具有高度选择性。

荧光强度（即发射荧光光量子数）和激发光（即吸收的光量子数）的强度有关。在一定范围内，激发光越强，荧光也越强。各荧光物质在一定条件下有特定的吸收光谱（激发光谱）和荧光光谱（发射光谱）。

荧光染料是否发射荧光或荧光的强弱，主要决定于该染料的分子结构，此外还与它所处的环境及其状态有密切关系，如染色液的 pH 值、浓度以及染色的温度、染色时间等，均对荧光效应有一定影响。在进行荧光染色时，要避免与对荧光有淬灭作用的物质，如避免与卤酸盐（其中碘离子作用最强，溴离子次之，氯离子最小）、某些金属离子（如铁离子、银离子）和具有氧化作用的物质（氨基苯、没食子酸、硝基苯等）的接触。

（四）荧光显微摄影的操作程序（以 Olympus AH 型为例）

（1）检查线路，接通总电源，打开稳压器电源，荧光显微镜启发器预热数分钟（这一过程 10~15 min）。

（2）按高压汞灯启动钮（Start），汞灯渐亮。

（3）明场下，用 10 倍物镜进行光轴中心调整。

（4）暗场下 10 倍物镜清晰。

（5）选择合适的激发滤光镜、阻挡滤光镜和物镜。

（6）根据胶片的感光速度、标本、视场分布和荧光亮度筛选曝光时间。物像清晰时曝光。一般曝光数十秒至数分钟。

（7）观察照相完毕，关闭稳压电源，切断总电源。

注意事项

（1）荧光标本不能久存，在强光特别是紫外光的照射下会很快褪色，因此常在仔细观察标本之前照相存档。因荧光微弱，在人的眼睛暗适应后看起来还很明亮的物体，实际上比普通显微摄影需要增加几倍的曝光时间，故应使用感光速度快的全色底片和彩色胶片，如 200ASA（24DIN），400ASA（27DIN）和 600ASA 的感光片。

（2）荧光显微镜灯泡寿命为 200 h，启动次数越多，灯泡寿命越短。高压汞灯启亮后，不得在 5 min 内关闭，一经关闭需冷却后才可重新开启（一般 30 min 后），否则汞灯寿命缩短。工作间隙时间短时，不要关灯和停机。新灯泡使用时记录时间。

（3）摄影时，选用镜口率大的物镜与低倍照相目镜配用，以提高分辨力。

（4）因照明光源含有紫外线，眼睛应避免看到光源，常在载物台前上方有黄色遮光板予以保护，以防紫外线损伤视网膜。

（5）电源应装配稳压器，否则电压不稳，不仅降低高压水银汞灯的使用寿命，而且影响镜检的效果。

（6）根据生物体的组织、细胞、细胞器、微生物、病毒等要求选择激发光。激发滤光镜和荧光色素的应用上都必须适合被检物体。表4-9是一些实例应用。

表4-9 常用荧光染料和荧光吸收波长

名　称	最大激发波长（nm）	最大吸收波长（nm）	荧光颜色	最常应用
吖啶橙（AcridineOrange，AO）	405	585（530～630）	黄绿-桔红	细胞、细菌
芥子奎纳克林（Quinacrine Mustard）	405	585（530～630）	黄绿-桔红绿	细胞、细菌、染色体
Hoechst 33258	338	505	绿	细胞、染色体
硫代黄素T（Thioflavine T）	380	460（420～550）	天蓝-桔红	血细胞原虫、病毒、细胞
噻唑黄（Thiazol Yellow）	408	540（500～600）	绿	细胞
金胺O（Auramine O）	435	535（490～590）	绿-金黄	细胞、细菌、原虫
异硫氰酸荧光素（FITC）	495	525（490～619）	黄绿	标记免疫球蛋白Ig
若丹明B200（RB200）	560	595（540～660）	橙红	标记免疫球蛋白Ig
异奎啉类	418	480	绿	甲醛或乙醛酸诱发单胺类
咔啉	385～410	520～540	黄	诱发5-HT

（7）每种荧光染料对激发光的吸收和荧光发射都有高度的选择性和特异性。要提高背景物的荧光强度，需选用荧光显微镜的光源（波长较短的光）和适于被检荧光物最佳吸收光谱的激发滤光镜片。见表4-8和表4-9。

（8）每次检查时间不要超过1.5 h。超过90 min，超高压汞灯发光强度逐渐下降，荧光减弱。标本受紫外光照射15 min，荧光明显减弱。

第五章　原代细胞培养和分析

第一节　SD乳鼠心肌细胞的分离培养

一、准备

(1) 0~3 d 龄 SD 乳鼠 8~12 只。

(2) 器材：眼科剪镊，吸管，30 ml 锥瓶，冰架，培养皿（直径5.5 cm，2.2 cm），4℃ Hanks 液，青霉素瓶，磁棒，25 ml 培养瓶，50 ml 烧杯，各种瓶塞，计数板，离心管，棉签。

(3) 试剂：4℃ Hanks 液（每升中 NaCl 8.00 g，KCl 0.4 g，葡萄糖 1.00 g，$NaHCO_3$ 0.35 g），37℃ 0.08% 胰蛋白酶液，BudR（5-溴脱氧尿嘧啶核苷 0.1 mmol/ml），含15%胎牛血清的 DMEM 培养液（地塞米松 1 μmol/ml），0.4%台盼蓝染液。

(4) 仪器：CO_2 培养箱，简易恒温磁力搅拌器。

(5) 细胞培养面的多聚赖氨酸处理，参阅第二章第三节"贴壁因子"的相关内容。

二、心肌细胞的分离培养

（一）准备

酶液管 7~8 个，每管 5 ml 细胞培养液，4℃待用。4℃ 4ml D-Hanks 液青霉素瓶 2 个，直径 5.5 cm 培养皿 1 个，多聚赖氨酸培养瓶（皿），磁场速率 60 rpm。50 ml 烧杯中装 37℃ 20 ml 水。

（二）取材

小鼠引颈处死，鼠身酒精消毒。2%碘酒消毒后，剪开皮肤。左手将鼠肩胛骨往后拉，使鼠胸向前突。安尔碘液消毒胸部，在近胸骨的 3 和 4 肋骨位剪一口，心脏跳出时，摘入 4℃ D-Hanks 液青霉素瓶 I 中。标本去血污，冷 D-Hanks 液漂洗，移入培养皿中。去心包膜和心房，心室集中于青霉素瓶 II 中，粗剪，冷 Hanks 液漂洗后，去多余水分。

（三）心肌细胞分离接种

心肌碎块中，加酶液两滴剪切 20 min。用 5 ml 酶液将碎块移入 20 ml 锥形瓶内，磁场水浴消化 10 min，或 CO_2 培养箱内直立静置消化 14 min。去除第 1 和 2 次消化上清液（其主要成分为红细胞）。以后各次消化上清分移 4℃ 冷培养液中。重复操作直至组织碎块消失。各管 700 rpm 离心 4 min。合并各管细胞沉淀，加适量 37℃ 细胞培养基混匀，细胞计数和活力检测。将 $8 \times 10^5 \sim 1.0 \times 10^6$/ml 个细胞接种培养瓶（F 瓶）。37℃ 5% CO_2 培养 1.5 h，未贴壁细胞（主要是心肌细胞）移入多聚赖氨酸包被的培养瓶（M 瓶）。两瓶补加培养液后同时培养。M 瓶细胞培养 4~6 h，弃原培养液，加入含 0.1 mmol/ml BudR 细胞培养液。培养 48 h 弃 BudR 液，用培养液轻轻洗两次，换培养液培养。每周换培养液两次。

三、原代心肌细胞生长观察

（一）M 细胞生长观察（见图 5-1）

M 培养瓶内 90% 是心肌细胞（Myocardial Cell，简称 M 细胞），M 细胞体积大，胞内线粒体多，其他为成纤维样细胞（Fibroblast-like Cell，简称 F 细胞），两者从大小上易区分。去 BudR 液后，细胞培养 19 h，80% 细胞从不规则球形伸展为长柱形，细胞核在细胞中央微向外鼓出，细胞常见 1 个核，少见 2~5 个核，单个细胞呈速率不同的自发性节律性搏动。培养 48 h，细胞伸展出花瓣样伪足，3~7 个粘合成簇，细胞簇中央位搏动，每分钟 36~40 次。录像中见细胞内有黑色大颗粒滚动。第 3 d，细胞簇相互连接成网，形成同步搏动。搏动规则有力，每分钟跳动 74~86 次，此现象持续 24 h。第 4 d 细胞连接网消失，又恢复单个细胞簇搏动。第 10 d，有的 M 细胞周围出现小 F 细胞，M 细胞内黑颗粒增多，细胞心率减慢，每分钟 30~40 次，个别 13 次。45 d 时，细胞簇中央出现黑红色斑块，细胞肿胀成圆球形，胞内黑颗粒增加，空泡出现，细胞每分钟搏动 3~24 次，个别细胞节律失常或停搏。66 d 时，全部细胞停止搏动。

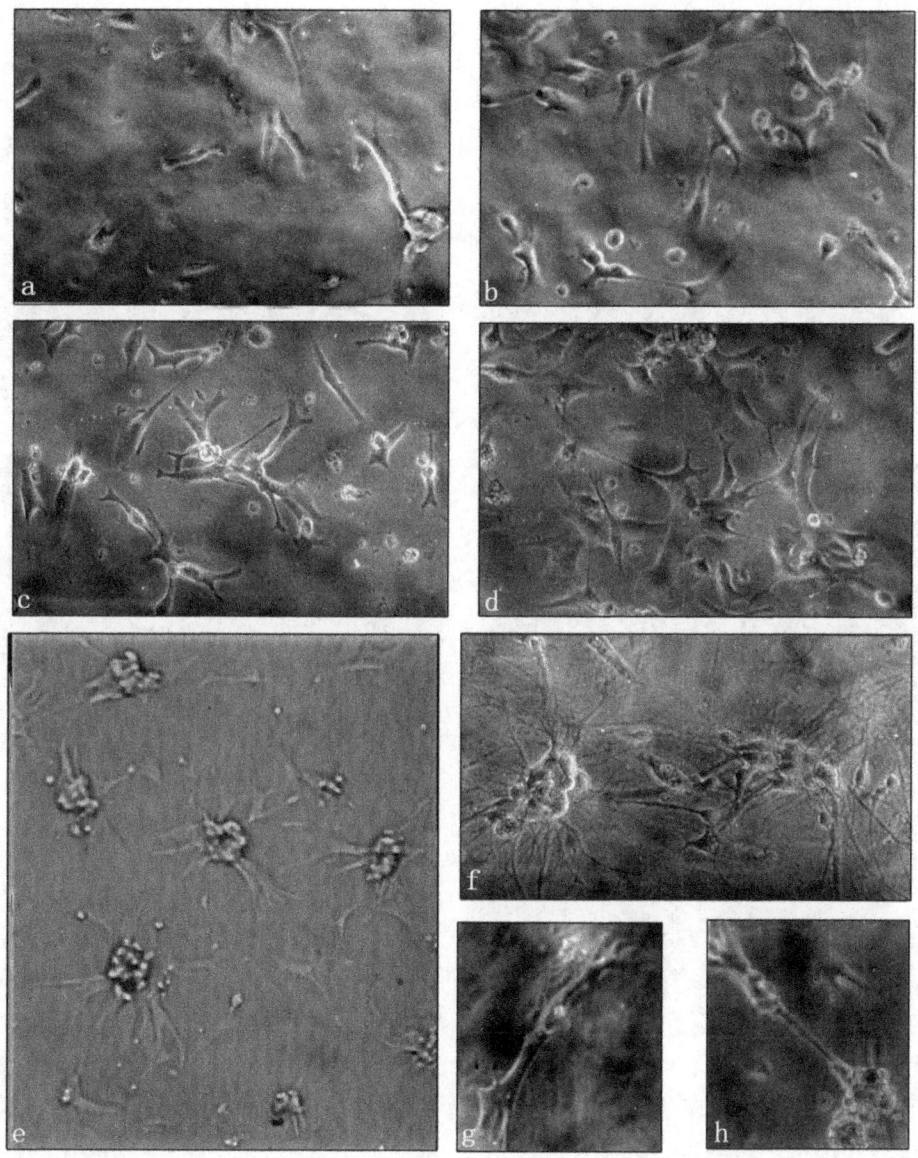

图 5-1 M 瓶心肌细胞生长过程
a.b. 培养 18 h,细胞长柱形; c.d. 培养 48 h,细胞增殖,簇网状连接;
e. 心肌细胞簇同步搏动(录像图); f.g.h. 心肌细胞连接

（二）F 细胞生长观察（见图 5-2）

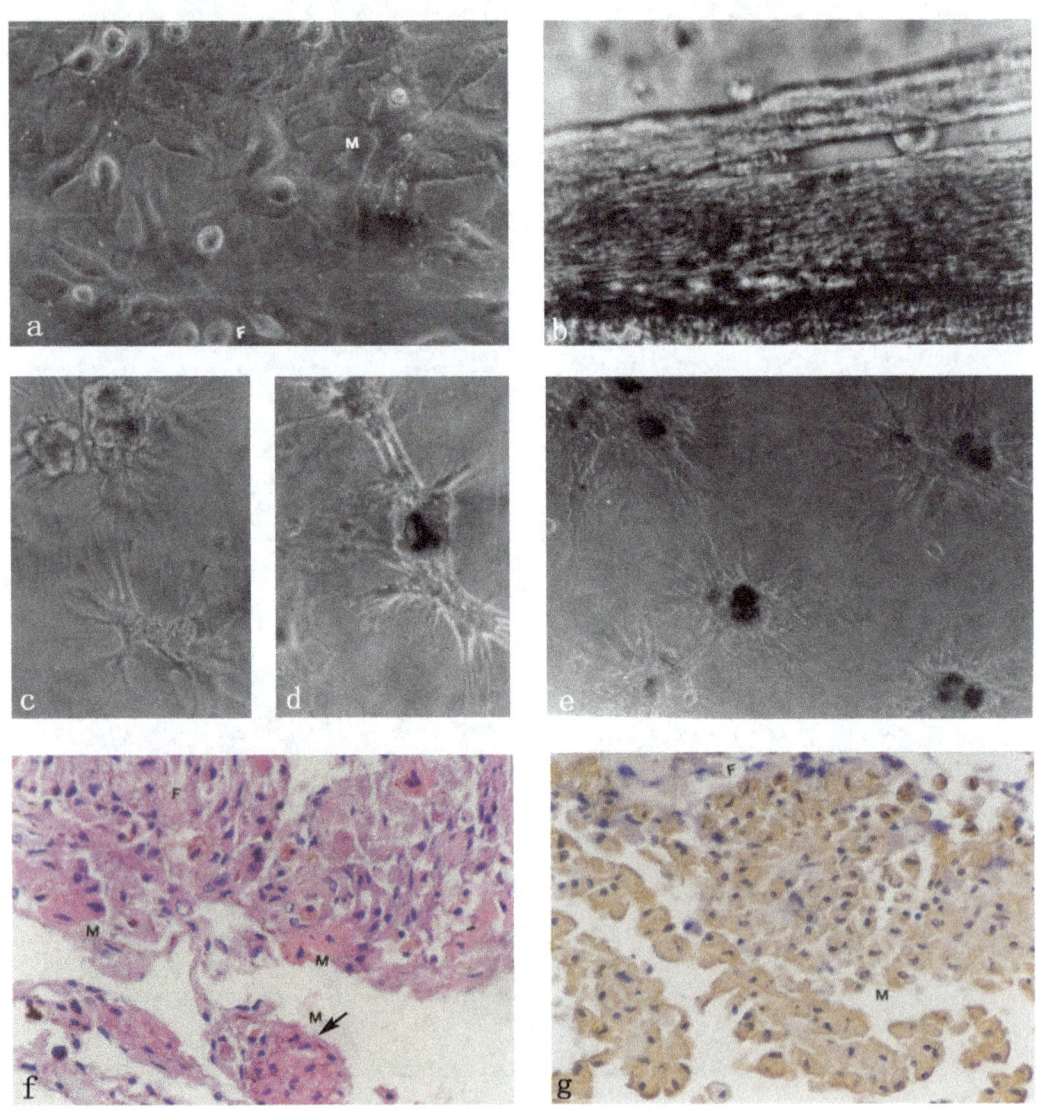

图 5-2 F 瓶心肌细胞生长过程

a. 细胞接种 1.5 h（F 成纤维细胞，M 心肌细胞）；b. 培养 22 d 时，膜状心肌组织录像图；
c. d. e. 心肌细胞细丝状突起，细胞团中央黑红色斑块；f. M 细胞胞浆橙红色，F 细胞胞浆紫红色；
g. FM 细胞胞浆微肌丝褐色（α-actin 抗体免疫组化片），F 细胞胞浆苏木素色消化细胞悬液接种 F 瓶 1.5 h，F 细胞大部分贴壁，并可见大体积 M 细胞贴壁。48 h，瓶内个别 M 细胞出现搏动。培养 72 h，有单个 M 细胞搏动、M 细胞簇搏动、M 细胞和 F 细胞聚成团搏动。第 8 d 时，部分细胞连成片，同步搏动加强，每分钟 34~36 次。20 d 时，细胞团周围出现细丝状突起，胞内黑颗粒增多，簇中央位出现黑红色斑块。培养 22 d 时，半个瓶面细胞连成片，肉眼可见白色厚膜（膜状心肌组织，下称心肌膜），传导性搏动规则有力，每分钟 76~78 次，此现象持续 12 d。34 d 时，心肌膜部分脱落于水中，搏动渐渐减弱。38 d 时，细胞每分钟搏动 3~4 次。42 d 时，细胞停止搏动。在心肌膜搏动第 3 d，取材做 HE 染色和抗 α-actin 免疫组化染色。

四、讨论

（一）心肌细胞的纯化和分化

新生鼠由 M 和 F（3:1）细胞组成。利用 M 和 F 细胞贴壁速度的差异可将两者分离。M 瓶内混有 10% F 细胞，F 细胞贴壁后很快进入细胞周期增殖，而心肌细胞在鼠出生前已发育成熟，停止 DNA 合成和有丝分裂。为抑制 F 细胞增殖，M 瓶内用 BudR 处理细胞。BudR 渗入增殖 F 细胞内取代胸腺嘧啶，F 细胞 DNA 复制错误，停止增殖。此时 M 细胞获得分化成熟时间，出现搏动功能。本实验五次心肌细胞的纯化率平均为 90%。

（二）鼠龄与标本消化时间

新生鼠出生后，细胞间质成分发生变化。鼠龄增加，标本消化次数增加。1 d 龄标本需消化 5~6 次，开始两次消化物，以红细胞为主。第 3 和 4 次消化物粘液多，以 F 细胞为主。第 5 次消化物粘液少，M 细胞占 95%。2 天龄标本消化 9~10 次，3 天龄标本消化 12~13 次。

（三）原代心肌细胞的寿命

影响原代心肌细胞寿命的因素有实验操作、培养条件、个体差异等等。我们实验中用 4℃ 冷 D-Hanks 液漂洗收集组织细胞，抑制离体细胞代谢。用低浓度胰蛋白酶液和低速（60 rpm）、短时间消化组织块，减少酶和磁场对细胞的物理损伤。吸管细头轻轻吹打混匀细胞，减少细胞的机械损伤。结果，54 只乳鼠心肌细胞的接种活力平均为 75.5%，选用贴附多聚赖氨酸瓶皿培养，提高细胞贴壁率。细胞接种后减少震动，小容器接种细胞，提高细胞密度，保持细胞信息通讯，提高细胞生存力。用新鲜培养基，稳

定 CO_2 压力、温度、湿度，使原代心肌细胞搏动维持较长时间。

鼠龄 1 天龄标本，心肌细胞搏动 60 d；2 d 龄标本，细胞寿命 42 d；3 d 龄标本，细胞寿命 32 d。提示鼠龄与原代心肌细胞的寿命有关。F 细胞增殖包围心肌细胞时，心肌细胞衰老，搏动减少；F 细胞与 M 细胞形成心肌膜时，M 细胞规律性搏动 12 d。1 d 龄标本接种培养 20 d 时，F 和 M 两个瓶内都出现新生心肌细胞搏动区，搏动规则有力，每分钟跳动 66~76 次，证实新生鼠心室分化细胞中有前心肌细胞存在。

（四）M 和 F 两种细胞的区分（图 5-2）

培养的 M 细胞有自发节律性搏动特征。在肌膜 HE 染色片上，M 细胞胞浆亮红色，可见发育差的纤维状、颗粒状肌丝；F 细胞胞浆蓝红色。抗 α-actin 免疫组化染色上，心肌细胞反应阳性，胞浆呈棕褐色颗粒；F 细胞浆苏木素色。

（程宝鸾　侯云霞　柯志勇）

第二节　大鼠血管平滑肌细胞的分离培养

一、准备

（1）动物：体重 150~180 g，6 周龄鼠。

（2）器材：消毒磁盘，中号圆头镊，解剖剪，眼科剪镊，磁力搅拌器，培养器材，37℃水杯，三角烧瓶，磁棒，青霉素瓶。

（3）试剂：15%~20% FCS DMEM 培养基，10% NCS DMEM 培养基，0.5% 水解乳蛋白 Hanks 液（青霉素、链霉素各 200 u/ml），5% 碘酊，安尔碘液。消化液：0.2% I 型和 II 型胶原酶（用 10% NCS DMEM 液配制，补加 3 mM $CaCl_2$/ml，按 1 次实验用量分装，-20℃冻存）。

二、取材

（一）胸主 A 分离

大鼠用 3% 戊巴妥钠麻醉（0.16 ml/100 g）。新洁尔灭湿毛后固定在消毒盘泡沫上（泡沫下垫消毒纸）。超净台面垫消毒纸，鼠盘移入超净台内，5% 碘酊消毒皮毛，剪开皮肤并外翻固定。安尔碘液消毒肌肉，剪开胸廓。心肺翻向左手侧，胸主 A 沿脊柱走行。小镊剥离血管，先剪断血管膈膜端，后剪断连心端（注意：小镊取材前先用液体沾湿）。标本移入对离体血管有营养作用的水解乳蛋白液中 5~10 min。

（二）胸主 A 中膜分离

血管漂洗，去除血污、结缔组织和脂肪。小剪纵向剪开血管，并平展在消毒过的玻璃皿上（注意血管内膜面向上）。水解乳蛋白液洗血污，手术刀片（酒精消毒）轻轻来回括 2~3 次，去除内膜层细胞。再用两把弯镊将血管中膜撕开（6 周龄鼠中膜两层易分离。二月龄以上鼠中膜分离时易撕碎）。中膜两层分离后，中膜近外膜层淡黄色，其内侧面局部有黄色团。中膜近内膜层白色。将白色中膜和黄色团一起浸泡在 4℃ 10% NCS DMEM 液中 10~20 min。

三、血管平滑肌细胞的分离培养

标本经漂洗，再粗剪、漂洗后，加 1 小滴培养液后剪切 10 min。补加培养液 1 滴，再细剪 2 min。用 10% NCS 培养液混匀碎块，静置 10 min，弃上液。再用血清培养液将组织碎块混匀离心。加入沉淀量 20 倍的消化液，混匀后移入带有小磁棒的 10 ml 三角烧瓶内，磁场水浴消化（25 rpm）。待消化上液白色混浊（稍带粘性），中间漂浮少量小絮片，吹打有粘稠感时，取样镜检。样品内见有大量细胞，少量细胞团、组织小碎块或小碎片时，收集消化上液。用 DMEM 培养液洗涤细胞两次，1000 rpm 离心 10 min。4℃收集细胞。瓶内沉淀补加新消化液继续消化，直至消化完毕。细胞计数，细胞高密度接种培养器皿。

四、原代血管平滑肌细胞生长观察

细胞接种 5~7 d，细胞代谢好时，出现生长活动，多数细胞为短梭形，少数为不规则三角形。以后细胞逐渐伸展为长梭形，胞质透明，核卵圆形，核仁常见 1 个，少数多个。细胞呈线形生长，组织块周出现生长晕。细胞增多汇合成"峰"、"谷"交错生长现象（见图 5-3）时，即可传代。

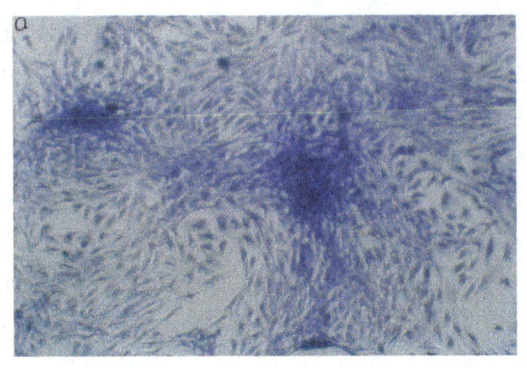 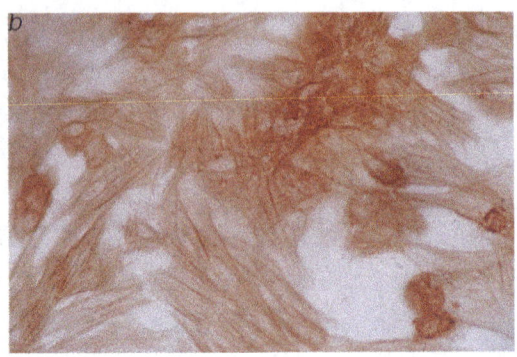

图 5-3 大鼠主动脉平滑肌细胞"峰"、"谷"生长特征

左图:Giemsa 染色;右图:α-actin 抗体免疫组化染色,平滑肌细胞肌原纤维呈黄色反应

五、讨论

(一)血管平滑肌细胞(Vascular Smooth Muscular Cells,VSMC)和成纤维细胞的区分

血管中膜消化分离的 VSMC 纯度比组织块培养法高,但仍混杂有其他细胞,其中以成纤维细胞和前脂肪细胞为主。前脂肪细胞长梭形、圆球形,细胞内含有亮脂滴,特征易辨认。血管平滑肌细胞梭形,有"峰"、"谷"生长特征。成纤维细胞呈不规则突起,有同心圆生长特征。VSMC 细胞用 α-actin 抗体检测:细胞爬片经冷 PBS 3 min 后,-20℃冷丙酮固定 15 min 3% H_2O_2 处理 10 min,以下按免疫组化法操作。血管平滑肌细胞内肌动蛋白与进入细胞内 α-actin 单抗结合,继而与二抗、DAB 复合物结合染成棕黄色(见图 5-3)。成纤维细胞不显色。

(二)血管平滑肌细胞的分离

利用哺乳动物的血管中膜可以获取 VSMC 纯培养。VSMC 的分离方法有两种:一种是贴块培养法,新生鼠贴块培养常获成功,成年鼠贴块培养成功率极低。平滑肌细胞又常被成纤维细胞污染。另一种是胶原酶单一消化法,将 6~8 周龄大鼠主动脉消化 12~16 h,肺动脉消化 5~6 h,采用 1 次收集法培养细胞。胶原酶单一消化法,因消化时间长,细胞膜损伤大,获取的细胞数量少,需传代扩增培养。而传代的 VSMC 又有去分化现象,不适合药物干预实验和高血压细胞膜离子转运模型的研究。本法因实验成本低,目前仍被多数实验者采用。

我们对胶原酶一次消化法进行改进。采用分步消化法收集细胞，减少细胞长时间消化的损伤。镜下检查消化样品，及时收集合适的消化上液，避免消化过头（过头时，液体无粘稠感，细胞少，碎片多）。合适的离心速率（高速细胞损伤，低速细胞丢失），1000 rpm 离心 10 min，适合收集带有粘性的平滑肌细胞悬液，成功率为 2/11，VSMC 细胞数为 $(4.5~6.0) \times 10^5$/ml，细胞活率 34%~45%。目前条件好的实验室采用复合酶消化法分离 VSMC。液化液中除胶原酶外，增加弹性蛋白酶成分，加快了动脉中膜胶原的消化速度；增加胰蛋白酶抑制剂，减少了胰蛋白酶对细胞非特异性的损伤。实验时间缩短，主动脉消化时间 30~60 min，细胞活力 98%，细胞数高达 $(8~11) \times 10^6$/ml。消化时间短，减少了成纤维细胞的污染，提高了 VSMC 纯度，保护了离体细胞原有的生物学特性，适合原代实验研究。复合酶消化法因实验成本高，目前限制了它的使用。

（三）取材

防止鼠毛飞扬而污染空气，大鼠麻醉后用新洁尔灭打湿全身皮毛。颈、胸部皮毛用 5% 碘酊消毒后，皮肤无菌剥离。取材时，不要碰破气管，因鼠咽喉部常有细菌、真菌污染；断头放血的标本，常见真菌污染细胞的原因在此。

（程宝鸾　李西平）

第三节　成人前脂肪细胞的分离培养

一、准备

（1）标本：腹部手术皮下脂肪。
（2）器材：塑料培养瓶，多孔培养板，计数板，1.0 ml 离心管等，35 mm 培养皿。
（3）试剂：F 12 基础营养液：$NaHCO_3$ 1.0~1.1 g，PBS (pH 7.0)，TE 消化液（0.25% 胰蛋白酶和 0.03% EDTA），I 型胶原酶液（1 mg/ml，磁场搅拌溶解），胎牛血清，胰岛素 10 μg/ml。地塞米松：1 μg/ml。F 12 细胞培养基含 20% 胎牛血清，青霉素、链霉素各 100 u/ml。

油红 O 工作液：油红 O 0.42 g 溶于 120 ml 异丙醇液中，室温过夜。滤液加 90 ml 双蒸水，4 ℃过夜后，再过滤两次，即可使用。室温保存 6~8 个月。

二、前脂肪细胞的分离培养

(一) 前脂肪细胞层的分离

标本用眼科剪剔除肉眼可见血管和纤维成分。经 D-Hanks 液洗涤多次,F12 营养液将组碎块移入 1.0 ml 离心管内,1000 rpm 离心 10 min。离心后分三层,下层为纤维碎块和少量剪切游离细胞,中层为液体,上层为纯脂肪颗粒层。

(二) 前脂肪细胞 (Preadipocyte) 的分离培养

将纯脂肪颗粒层和 4~5 倍 0.1% I 型胶原酶混匀,放入 37℃ 5% CO_2 培养箱中,间断振荡,使组织块和消化液充分接触。组织块消化 15 h,用 F12 营养液稀释。1500 rpm 离心 3~5 min。弃上层漂浮的成熟脂肪细胞,将富含前脂肪细胞的沉淀用少量营养液制成细胞混悬液。混悬液经直径 150 μm 尼龙网过滤。滤液细胞 1000 rpm 离心 3~5 min。将 1×10^4~$2\times10^4/cm^2$ 个细胞接种于 35 mm 培养皿内,37℃ 5% CO_2 张力静置培养。

(三) 油红 O 染色定性

当细胞进入分化态,胞内出现脂肪滴时,用 PBS 洗涤两次,再用 10% 甲醛磷酸盐缓冲液固定 1 h 以上。油红 O 液染色 2~3 d,流水冲洗干燥,镜下细胞内出现红染颗粒即为前脂肪细胞。

三、原代前脂肪细胞生长观察 (见图 5-4)

细胞接种后数小时贴壁。细胞类圆形,大小不一,核浆比例大,胞核中位,有时几乎占满胞浆。2~4 d 细胞伸展为长梭形,两端尖细,有的细胞多角形,细胞内有较大卵圆形核,核仁清晰,可见数量不等的线粒体。有的细胞内可见双核。7 d 左右细胞增殖,逐渐变为椭圆形、圆形。9 d 左右部分区域细胞汇合成单层,细胞内开始积聚脂肪颗粒,颗粒先在核周出现,逐渐增多、增大,甚至遍布细胞浆内,将核挤至细胞边缘。2~3 周时,瓶内易见多脂滴细胞,少见单脂滴细胞,传代前脂滴细胞可达 80% 以上。原代细胞汇合 1/2 时可进行传代培养,传代后细胞梭形,大小一致,部分区域紧密排列。梭形细胞内不见脂滴,加入胰岛素地塞米松后,梭形细胞向脂肪细胞方向分化,同时可观察到不同发育阶段的前脂肪细胞 (图 5-4e)、分裂末期前脂肪细胞 (图 5-4d)。第 3 代培养物经油红 O 染色后,胞浆内出现红染颗粒,证实镜下细胞内所见颗粒确为脂滴。传代细胞 2~4 d 即可达 80% 汇合。一般传 7~8 代，细胞增殖能力下降，细胞逐渐衰老死亡。

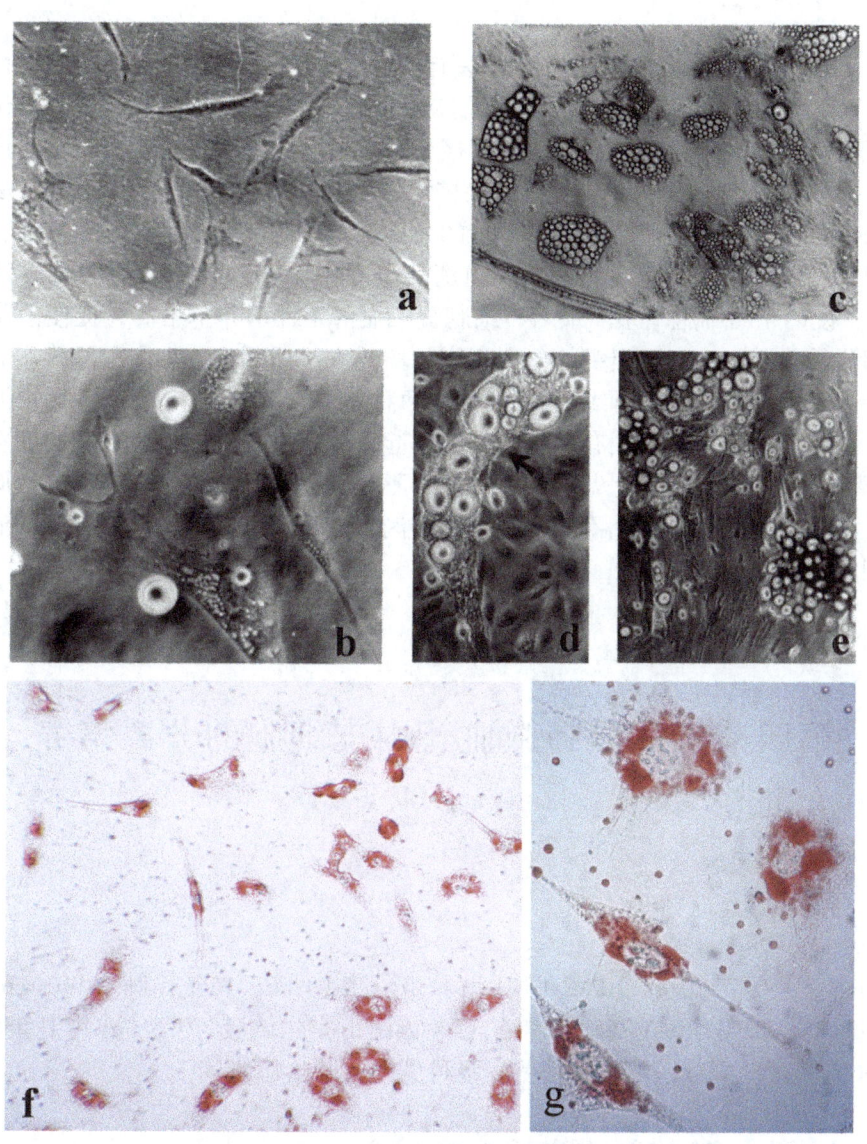

图 5-4　成人前脂肪细胞的生长过程

a. 前脂肪细胞长梭形，细胞两端尖细；b. 前脂肪细胞浆脂滴出现；
c. 传代前 80% 的前脂肪细胞；d. 分裂末期的前脂肪细胞；
e. 不同发育阶段的前脂肪细胞；f. g. 前脂肪细胞浆中有红色脂肪颗粒（油红染色）

四、讨论

（1）目前原代前脂肪细胞的培养方法有三种：① 天花板培养法。细胞贴壁率低，消耗培养基多，常出现成纤维细胞增殖优势，抑制前脂肪细胞生长。② 酶消化法。成本低，可获得一定量的前脂肪细胞。细胞接种后，前脂肪细胞生长优势，抑制成纤维细胞生长。加激素、生长因子后，细胞传代扩增，可提供实验研究标本。③ 振荡消化和无血清条件培养法。振荡消化获得较丰富的分离细胞。用促贴附剂处理培养面，提高细胞的贴壁率。原代细胞经过渡培养基（血清培养基中添加生物素和泛酸盐成分）培养 12~24 h，使前脂肪细胞增殖。最后，细胞置无血清条件培养基培养，促使前脂肪细胞向脂肪细胞转化。本法脂肪组织的分离程序和培养方法适用于人和大鼠原代实验研究。

（2）前脂肪细胞和成纤维细胞的区分：两种细胞形态都是梭形，前脂肪细胞贴壁分化后，细胞体积较大，两端有较长的细尖突起，胞浆中没有或很少有脂肪颗粒。在形成单层汇合后，变为脂肪细胞，胞浆内有大小不一的亮脂滴，细胞形态逐渐变圆。油红染色后，前脂肪细胞内有大小不一的红色脂肪滴。健康成纤维细胞内没有脂肪滴；衰老成纤维细胞内有少量小脂滴。

（席菁乐　程宝鸾）

第四节　大鼠肺微血管内皮细胞的分离培养

一、准备

动物体重 150~200 g。RPMI-1640 培养液（其中 FCS 15%，肝素 90 u/ml，L-glu 2~4 mmol/L），RPMI-1640 基础营养液，5%碘酊，安尔碘液，0.5%水解乳蛋白 Hanks 液，0.06%胰蛋白酶液，中号解剖剪，眼科剪镊，胎牛血清。

二、肺微血管内皮细胞的分离培养

动物用戊巴妥钠麻醉后，颈 V 放血处死。动物消毒分层解剖。从右心室灌注 RPMI-1640 基础营养液 80~100 ml 至双肺发白，原位（或取下心肺，摘去心脏）剪取肺表面 1~2 mm 厚组织块，水解乳蛋白液收集标本。肺块经 RPMI-1640 液漂洗，再粗剪、漂洗后，沉淀物加细胞培养液 1 滴，剪切 10 min。再加细胞培养液 1 滴，继续剪切 3 min。悬浮碎块，静置 3~5 min 后去上液。再悬浮后低速离心，沉淀物用细胞培养液接种至塑料培养皿培养。皿内块间隔 0.3 cm 左右，接种后吸去多余液体。37℃ 5% CO_2 固定 1.5~2 h，从非块区轻轻加入少量培养液（液高 1 mm 左右），使块湿润，此时组织块发亮。4~6 h 或次晨补加培养液培养。

三、原代肺微血管内皮细胞生长观察

肺块种植第二天，块周出现少量球形血细胞和大量多角形小细胞。48 h，块周形成生长晕，肺微血管内皮细胞（Lung Microvascular Endothelial Cells, LMVEC）多数呈多边形，少数梭形，细胞扁薄透亮，大小均匀，胞核清晰。细胞增多后，彼此镶嵌排列，似铺路石样生长。72 h 取出组织块。10~15 d，单层细胞形成。用 0.06% 胰蛋白酶传代培养。第 3 代细胞生长活跃，易见姐妹细胞、分裂末期细胞、大体积大核球形细胞。瓶内可见微血管内皮细胞沿纵轴生长排列特征（见图 5-5）。取盖玻片上的生长细胞进行细胞鉴定（见图 5-5）。

（一）荧光素标记的异植物血凝素（FITC-BSI）结合试验

细胞爬片经 3 次×3 min 漂洗，-20℃丙酮固定 15 min 后，加 20~25 μg/ml 荧光素标记的异植物血凝素 50 μl，室温湿孵育 30 min。PBS 漂洗 3 次，每次 3 min，甘油封片。荧光显微镜下 LMVEC 呈特异性黄绿色荧光。

（二）CD_{31} 免疫组化染色

LMVEC 特有 CD_{31} 抗原。用荧光免疫技术测试细胞 CD_{31} 抗体反应，LMVEC 的胞浆呈特征性绿色杂交荧光。

（三）Ⅷ因子相关抗原间接免疫荧光染色

标本常规处理后，用ⅧR·Ag 抗血清 37℃孵育 30 min，PBS 漂洗 3 次，每次 3 min，甘油封片。肺微血管内皮细胞反应阴性。主动脉内皮细胞Ⅷ·Ag 与抗血清结合呈橙黄色阳性反应。

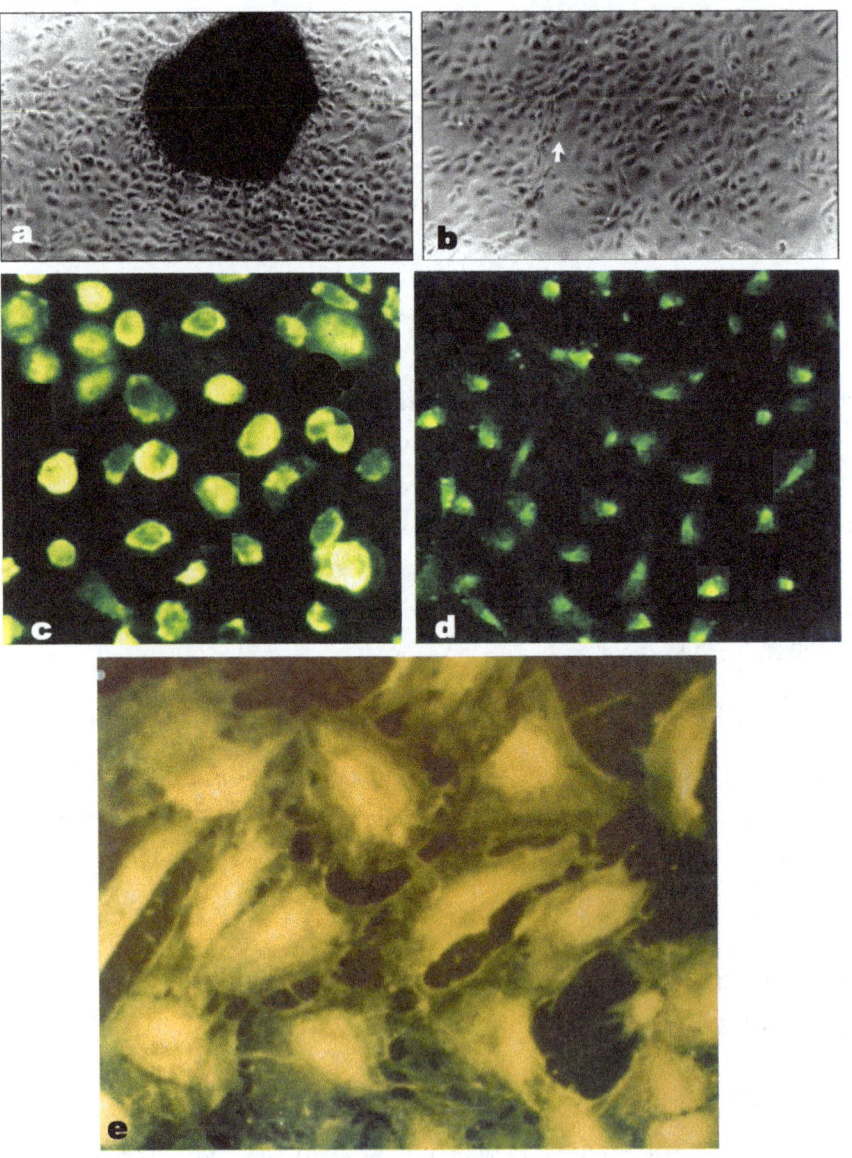

图 5-5 大鼠微血管内皮细胞的生长特征及标记物检测

a. 块周生长晕细胞呈铺路石样生长；b. 第 3 代细胞生长活跃，箭头示细胞沿纵轴排列生长；c. 异植物血凝素结合试验：大鼠肺微血管内皮细胞呈黄绿色荧光；d. CD_{31} 荧光探针试验：大鼠肺微血管内皮细胞呈绿色荧光；e. VIII R·Ag 试验：狗主动脉内皮细胞浆呈橙黄色荧光（李国新教授图版）

（四）血管紧张素转换酶活性测定

随 LMVEC 的生长增殖，细胞液中血管紧张素转换酶（ACE）的活性逐渐升高。用紫外分光光度计测定 ACE 酶活性。

四、讨论

（一）组织块贴壁率

碎块种植，固化，加液后常见现象是块重新漂起而死亡。为提高块贴壁率，在块分离接种过程中注意以下操作：① 组织块剪切时，剪刀开口角度 < 30 度，用剪刀尖端反复用力剪切，使碎块集中瓶角。剪切时，避免用力过猛、速度过快而使碎块崩沾瓶壁四处，减少块接种数。② 细剪前用血清培养基混匀，这样在剪切较长时间内，分离碎块被血清培养液包裹，一直保持在湿润环境中，保持组织块活力。③ 碎块接种固化后，采用两步加液法。④ 加液动作要轻，培养液从非块区慢慢加入。⑤ 塑料培养器材预处理：1% 明胶涂布过夜后，营养液漂洗，4℃ 备用。恢复室温后使用。玻璃培养器材同样处理后，肺块贴壁率低。

（二）肺块取材

肺块取材有两种方式：① 灌注后取材。用 HBSS 或细胞营养液灌洗血管、微血管，去除血管内血细胞。块贴壁后，微血管内皮细胞易从块游出，使用优质胎牛血清和 2 周内配制的新鲜营养液（液中保持谷氨酸量），实验成功率 8/9。细胞形态丽亮，生长稳定，一般可传 7~8 代。② 直接取材。鼠消毒、解剖、开胸后，直接从肺表面取材。块贴壁后，血细胞大量游出（主要是单核样细胞），影响内皮细胞游走贴壁，实验成功率为 1/8。

（程宝鸾　李西平）

附录一　　国内外细胞库

已经建立的细胞系（株），由作者自行管理，不便于使用交流，同时还存在细胞易污染和丢失等弊病。建立细胞库，使已经建立的细胞系（株）能得到妥善保藏，并方便各实验室交流使用。生物学家普遍认为，一个国家或地区拥有培养物的种类、数量和质量及对培养物的研究、开发和利用，将对科学和经济的发展产生重大的影响。培养物缺乏，会使研究工作被迫改变、终止甚至取消。因此，世界各国和地区都在努力扩大培养物的保藏数量和种类。

从 20 世纪 60 年代起，发达国家都先后建立了细胞库，保存各类细胞系（株）。国际知名的细胞库有 ATCC（美国，马里兰州，洛克菲勒）、IMR（马来西亚，吉隆坡）、ECACC（英国，伦敦）、JCRB（日本，东京）等，它们均可接纳来自世界各国已鉴定的细胞，同时向世界各国的研究者或实验室提供研究细胞。ATCC 接纳入库的细胞，必须检测的项目如下（其他细胞库要求相似）：

（1）培养简历：组织来源日期、物种、性别、年龄、供体正常或异常健康状态、细胞已传代数等。

（2）培养液：培养基种类和名称（一般要求不含抗生素）、血清来源和含量。

（3）冻存液：培养基和冻存液名称。

（4）细胞活力：冻存前后细胞活率和生长特性。

（5）细胞形态类型：如为上皮型或成纤维细胞型等。

（6）核型：二倍体或多倍体，有无标记染色体。

（7）无污染测验：无细菌、真菌、支原体、原虫和病毒等污染。

（8）物种检测：检测同工酶，主要为葡萄糖 – 6 – 磷酸酶（G_6PD）、乳酸脱氢酶（LDH），以证明细胞没有交叉污染。

（9）免疫检测：1~2 种血清学检测。

与国外联系的细胞库、地址、联系人和网址如下：

（1）ATCC（American Type Culture Collection）：

地址：12301 ParkLawn Drive Rockville MD 20850，USA。

ATCC 细胞库网址：http://www.atcc.org

(2) IMR (Institute for Medical Research)：

IMR 细胞库网址：http://www.imr.gov.my

(3) JCRB 细胞库 (Japanese Cancer Research Resources Bank-Cell Bank)：

地址：国立卫生试验所、变异原性部、细胞库 = 158 东京都世田谷区上用贺 1-18-1，电话：03-700-1141。

JCRB 细胞库网址：http://cellbank.nibio.go.jp

(4) ECACC (European Collection of Animal Cell Cultures)：

地址：ECACC, PHLS, Centre for Applied Microbiology & Research, Porton Down, Salisbury, SP4 OJG, UK, Telex：47683 PHCAMR G。

ECACC 细胞库网址：http://www.biotech.ist.unige.it/cldb/descat5.html
http://www.ecacc.org.uk

国内也建立了一定规模的典型培养物保藏中心。这些典型培养物保藏中心收集、保藏和分发我国的细胞系（株）资源，研究和发展细胞株（系）质量控制方法，研究细胞培养和保藏新技术，并可为研究和生产提供标准化的细胞株（系）。

国家专利局委托武汉大学建立的中国典型培养物保藏中心（China Center Type Culture Collection, CCTCC），现保藏了十几个国家的专利培养物 1000 多株，非专利培养物 3000 多株，其中包括各类微生物菌种，动、植物细胞系，病毒，单细胞藻类和质粒等。

通讯地址：武汉大学生命科学院中国典型培养物保藏中心

邮政编码：430072

电话：027-87682378/87682319

E-mail：yingtlu@whu.edu.cn 或 hyyang@whu.edu.cn

中国科学院细胞库是中国科学院典型培养物保藏委员会的成员库之一，由中国科学院上海细胞所主持。该细胞库收藏有人和其他动物的正常细胞、遗传突变细胞、肿瘤细胞和杂交瘤细胞。

通讯地址：上海岳阳路 320 号中国科学院上海细胞所细胞库

邮政编码：200031

电话：021-64315030-2052

网址：http://www.cell.ac.cn/cellbank/

附录二　动物常用的细胞注射技术

细胞培养实验中常需用动物作实验材料。动物注射接种操作方法正确与否，直接影响实验结果。实验者必须严格按操作要求进行。

一、注射器的使用

针头固定后，插入液面下，慢慢抽拉针栓，减少气泡。吸液后，针头向上，针栓多次慢推拉和敲打针筒、针头，使针筒内壁气泡上升至液体顶部的排除。粘稠度较大的细胞悬液，应对着光线，针蕊多次来回慢推拉，使针筒、针头充满液体。毒性、感染性液体注射前，准备棉花小纸袋，并高压消毒；排气泡时，纸袋撕角，针头插入棉花内。

二、皮内注射

1. 准备

1 mm 注射器，皮内针头 [15 mm×0.5 mm (4#)，针尖45°斜口]，弯头剪刀，麻醉药和罐。

2. 方法

小白鼠麻醉，注射器吸液排气。剪去注射位毛，用食指、拇指抓紧皮肤，使皮肤绷紧在食指上。针孔向上，从注射部位前 5 mm 处，与皮肤平行刺入皮内（如在皮内，肉眼可见针头部位）。注入量 0.05 ml。注射部位鼓起一小泡，皮肤毛孔极为明显。拔针时用酒精棉球和镊压紧针孔位皮肤，防止液体外漏。若小泡很快消失，说明可能注入皮下，应另换部位操作。

三、皮下注射

1. 准备

小白鼠 1 ml 注射器，大白鼠、豚鼠、兔用 1～2 ml 注射器。皮下针头（25 mm×

0.5 mm，针尖45°斜口）。
2. 方法
注射器吸液排气，小白鼠放于鼠笼上。右手向后拉鼠尾，左手食指、拇指抓紧鼠后颈部皮肤，第4和5指夹住鼠尾。鼠腹部向上，针头从鼠蹊部刺入大腿肌肉，平行上翘至皮下；亦可通过腹中线进入对侧皮下，这样拔针头时液体不易流出。针头能自由拔动无阻力时，示皮下无误，即可注射。若从背侧皮下注射，操作时两步进针：先进皮内，后进皮下。小白鼠下腹部皮下也是常选的注射部位。注射量0.1~0.5 ml。大白鼠背侧皮肤较厚，针头不易刺入，常在下腹部皮下进行。注射后用小镊夹针孔片刻，可避免注入液外溢。

四、肌肉注射

1. 准备
1 ml 注射器（皮下针头 15 mm × 0.5 mm）。
2. 方法
助手抓小白鼠。操作者左手抓鼠腿，右手将针头从皮肤表面垂直刺入股骨中段的肌肉内，针栓回拉无血时，即可注射。注射量0.05~0.2 ml。拔针后用镊夹酒精棉球，轻轻按摩注射部位。大白鼠、豚鼠注射针头20 mm × 0.5 mm，注射量0.1~0.5 ml。

五、腹腔注射

1. 准备
1 ml 注射器。
2. 方法
左手食指、拇指抓紧小白鼠后颈部皮肤，小指夹住尾，中指、无名指置小白鼠背部，使鼠腹部挺起。进针部位：① 脐孔侧位（低于脐孔易穿破胆囊）：注射前一天动物喝水，不喂食，这样可避免液体注入内脏。注射时，针头垂直刺入腹腔（深度小于6 mm），针栓回抽，观察是否刺入脏器或血管，无回血、无阻力时，固定针头注射。注射量0.5~1 ml。② 会阴位：针头从会阴位先入肌肉，后入腹腔。此方法简便，动物不需前一天空腹，不易刺破内脏，而且注射液不易逸出。

六、尾静脉注射

1. 准备
直径 20 ml 大漏斗,1 ml 注射器,皮下针头 15 mm×0.5mm,酒精棉球。

2. 方法
实验台边缘用漏斗扣住小白鼠,左手抓住小白鼠尾巴,并使鼠尾外露。注射前,确认针头无气泡。酒精消毒鼠尾。左手三指捏住鼠尾,右手将连有 4 号针头的注射器从尾端平行刺入尾静脉内,回抽针栓有血,证实针头在血管内,注射时液体很容易注入。注射量 0.1~0.5 ml。如针栓推不动,注射部位肿胀发白,针头拔出无血流出,说明针头未插入静脉,操作失败后,应逐渐移向根部,重新操作。

注意事项

(1) 大鼠尾静脉注射前,鼠尾用 40~45℃的温水(不烫手)浸泡 3 min 左右。鼠尾充血时,可见三根暗红色尾静脉。

(2) 大、小白鼠尾静脉注射时,常选用左右两侧尾静脉,因其位置比较固定,容易刺入。中间一根尾静脉也可静脉注射,但其位置容易移动。

(3) 距尾尖 2~3 cm 部位皮薄,尾静脉浅,容易刺入。

饲养期内注射动物出现病态或死亡时,应立即解剖,进行病原检查和组织学检查。

七、肿瘤动物移植接种

1. 腹水瘤接种
接种前准备 10~12 u/ml 肝素液,瘤细胞从动物会阴位或脐孔侧位注入受体动物腹腔,一般接种 0.1~0.2 ml。接种 5~6 d 的动物,腹水乳白色,瘤细胞分裂相达高峰。此时转种最好。

2. 实体瘤接种
(1) 小块接种法:将生长良好、无变性坏死、呈淡红色鱼肉状的瘤组织切成 5 mm×5 mm×5 mm 大小。在受体动物腋窝或鼠蹊部皮肤位剪开一小口,用无钩无菌镊夹取小块送入切口皮下。此部位瘤结节长得较大,宿主寿命也延长。本法适用于肿瘤初期建株。

（2）瘤细胞悬液接种：将瘤组织用玻璃匀浆器研磨成悬液，先计算活细胞数，再将瘤细胞悬液注射接种动物皮下，接种细胞数 $1\times10^6 \sim 1\times10^7$。本法适用于成活率高的移植瘤常规接种，多用于大批接种实验。

（3）瘤组织浆接种：将实体瘤新鲜组织剪碎成浆后，即可注射动物较深部位如肌肉或器官内。本法适用于兔、狗等大动物瘤组织移植，如成骨肉瘤的移植。

（4）培养细胞接种：将对数生长期的单层细胞，消化脱壁稀释为一定浓度的细胞悬液，注射动物皮下或其他部位。

参考文献

1. JM 瓦希利耶夫，IM 捷尔范德. 培养中的肿瘤与正常细胞. 何申等译. 北京：人民卫生出版社，1985
2. 石善榕. 免疫组织化学. 成都：四川科学技术出版社，1986
3. 鄂征. 组织培养技术. 北京：人民卫生出版社，1986
4. 刘鼎新. 吕证宝主编. 细胞生物学研究方法与技术. 北京：北京大学和中国协和医科大学出版社，1990
5. 祝和成，姚开泰，顾焕华等. 人体上皮细胞的原代培养. 湖南医科大学学报，1994，19（6）：545~547
6. 司徒镇强，吴军正. 细胞培养. 西安：世界图书出版公司，1995
7. 黄培堂等译. 细胞实验指南（上册）. 北京：科学出版社，2001
8. 赵三妹，王宗立. 动脉平滑肌细胞的培养方法及其应用. 中华病理杂志，1987，16（4）：260~261
9. 王旭开，杨成明，刘光耀. 复合胶元酶法分离人血管平滑肌细胞的新方法. 第三军医大学学报，1993，15（4）：375~379
10. 王竹晨，刘建中，李燕等. 人前脂肪细胞的原代培养. 中山医科大学学报，2001，22（6）：443~446
11. 张丽芸，卢晓，程宝鸾. 二氧化碳培养箱的使用和保护. 国外医学临床生物化学与检验学分册，2005，26（1）：61~62
12. RL Van, CE Bayliss, DA Roncari. Cytological and enzymological characterization of adult human adipoctyte precursors in culture ［J］. J Clin Invest, 1976, 58（3）：699~704
13. R Carraro, JE Lizh Johnson. Islets of preadipocytes highly committed to differentiation in culture of adherent rat adipocytes ［J］. Cell Tiss Res, 1991, 264（2）：243
14. JC Magee, AE Stone, KT Oldnam, et al. Isolation culture and characterization of rat Lung microvascular endothelial cells. Am J physiol, 1994, 267（4pt 1）：L433
15. SF Chen, X Fei and SH Li. A new simple method for isolation of microvasiular endothelial cells avoiding both chemical and mechanical injuries. Microvasc Res, 1995, 50：119
16. Karp Gerald. Cell and Molecular Biology：Concepts and Experiments. New York, 1996